LES MÉTIERS DE LA BIOLOGIE

SOMMAIRE

Un mot souligné ? Retrouvez sa définition dans le lexique p. 139.

MÉTIERS

ÉTUDES

Les repères

Les filières

Mon parcours

EMPLOI

Mes débuts

GUIDE PRATIQUE

MODE D'EMPLOI

Pour mieux se repérer entre les différentes parties de ce « Parcours ».

MÉTIERS

16 pros racontent leur métier.

Pour aller plus loin, des rubriques :
- Quel salaire ?
- Ça recrute ?
- Quels débuts ?
- Quelles études ?

MÉTIERS PRODUIRE

BIOLOGISTE MÉDICALE

« Ma valeur ajoutée : conseiller les médecins pour la transfusion de leurs patients. »

Un malade hospitalisé à l'hôpital Tenon a besoin de recevoir du sang ? Le médecin qui le suit demande conseil à Laure pour transfuser le patient en toute sécurité. Pour cela, la biologiste supervise l'analyse du groupe sanguin puis choisit le produit adéquat.

Orchestrer les analyses. Au laboratoire, Laure valide sur ordinateur les analyses de groupe sanguin réalisées par les 14 techniciens qu'elle encadre avec une autre biologiste. *« Des examens sont difficiles à interpréter ou les résultats inhabituels ? J'aide à décider des examens complémentaires à effectuer. »* Laure vérifie aussi que les infirmiers et techniciens respectent les méthodes pendant le prélèvement et l'analyse, que les automates sont correctement utilisés et réglés... Puis elle signe le compte rendu, transmis au médecin qui a prescrit l'analyse. Elle n'est donc jamais au contact direct du patient.

Sécuriser l'opération. La partie du travail que Laure préfère ? Trouver le meilleur produit sanguin pour le patient, en fonction des résultats des analyses biologiques et de sa maladie. *« C'est dans ce conseil donné aux médecins que se situe ma valeur ajoutée. Pour cela, je me tiens informée des avancées dans les traitements des maladies suivies à l'hôpital Tenon. »* Également chargée de la gestion des stocks, Laure veille à ce que des produits correspondant à tous les groupes sanguins soient disponibles en permanence.

Des nerfs solides. En cas d'urgence vitale, une procédure spéciale est enclenchée, consistant à choisir les produits les plus compatibles avec l'ensemble de la population, sans faire d'analyses. *« Il y a alors une part d'incertitude sur la compatibilité avec le receveur. C'est une prise de risque, mais, si la vie du patient en dépend, il faut le transfuser. »* Une décision qui demande beaucoup de sang-froid de la part de tous les membres de l'équipe : le médecin urgentiste, les techniciens de laboratoire et... la biologiste.

Laure Bourguignat, biologiste médicale à l'Établissement français du sang à l'hôpital Tenon à Paris

Quel salaire ?

Selon le Syndicat des biologistes, un débutant gagne entre 4 000 € et 5 000 € brut par mois.

Ça recrute ?

« Avec le nombre de places fixé par spécialité, normalement, tous les biologistes médicaux trouvent un poste. Mais il y a peu de candidats dans les petits hôpitaux et une rude concurrence dans les grands centres hospitaliers universitaires, notamment à Paris. Dans ce cas, il faut parfois passer d'autres diplômes, publier des articles... » Autres possibilités : exercer comme salarié dans le privé ou en libéral dans son propre laboratoire. Certains s'orientent aussi vers la recherche et l'enseignement.

Quels débuts ?

Pour être titularisés dans la fonction publique hospitalière, les jeunes pharmaciens et médecins doivent acquérir quelques années d'expérience avant de passer le concours de praticien hospitalier.

16 PROS SE RACONTENT MÉTIERS

Quelles études ?

Après le bac en 9 à 10 ans

Pour accéder au métier, il faut effectuer des études de médecine ou de pharmacie, et choisir la spécialité biologie médicale.

Ces cursus se déroulent à l'université et sont accessibles sur concours très sélectif pendant la 1re année commune aux études de santé (PACES). Les étudiants en médecine suivent 6 ans de formation générale avant de s'engager dans une spécialité ; ceux de pharmacie, 5 ans. Dans les deux cas, il faut obtenir la spécialité biologie médicale pour l'internat, qui dure 4 ans et comprend cours et stages. Les étudiants pharmaciens et médecins sont alors regroupés.

Selon la spécialité (transfusion, bactériologie...) et le poste visés, il faut parfois compléter son cursus par un diplôme universitaire, un master, un doctorat...

Retrouvez les études pp. 88-95.

32 Les métiers de la biologie I 2016

Les métiers de la biologie I 2016 33

MÉTIERS

DICO DES MÉTIERS

CONCEVOIR

ATTACHÉ/E DE RECHERCHE CLINIQUE ★☆

Avant sa mise sur le marché, un médicament est testé sur des patients pour évaluer ses effets. L'attaché de recherche clinique (ARC) s'occupe du suivi administratif et scientifique de ces essais pour le compte d'un hôpital, d'une industrie du médicament ou d'une société de recherche clinique. Ses missions : sélectionner les médecins participant aux tests, définir le protocole (médicament à avaler ou à injecter, par exemple), gérer le matériel fourni... Nombreux déplacements à prévoir.

Formation : Diplôme inter-universitaire de formation des assistants de recherche clinique (bac + 4 ans) ; master en biologie, bio-informatique ou santé publique ; diplôme de docteur en pharmacie ou en médecine.

BIO-INFORMATICIEN/NE ★☆

Comment exploiter les milliards de données produites par les expériences des chercheurs ? Réponse : les confier à un bio-informaticien, qui sera capable d'en tirer un maximum d'informations. Sa double compétence en sciences de la vie et en informatique lui permet de décrypter les besoins des biologistes avec lesquels il collabore et de les traduire sur un plan informatique. Il peut, par exemple, créer un nouveau programme pour comparer les génomes de bactéries.

Formation : Master, diplôme d'ingénieur ou d'école spécialisée en bio-informatique.

CHERCHEUR/EUSE EN BIOLOGIE ★☆

Ce scientifique de pointe peut étudier l'animal, le végétal ou l'humain. Ses recherches visent le développement des savoirs ou des applications concrètes dans la santé humaine ou l'industrie agroalimentaire, par exemple. Son quotidien : des expérimentations (culture de cellules, observation au microscope...), l'analyse des résultats et l'émission de nouvelles hypothèses, sans oublier la diffusion de ses travaux dans des publications ou lors de colloques scientifiques. Ses collaborateurs : des doctorants, des ingénieurs et des techniciens.

Formation : Doctorat en sciences de la vie, biochimie ou biotechnologies.

GESTIONNAIRE DE DONNÉES CLINIQUES ★☆

À l'instar de l'attaché de recherche clinique avec lequel il collabore, son métier est lié à la réalisation d'études cliniques sur un médicament, une méthode de diagnostic ou encore du matériel médical. Son intervention est cependant plus spécifique et bien moins mobile : ce spécialiste de l'informatique gère les bases de données qui servent à recevoir les informations récoltées. Il contrôle leur cohérence, leur qualité et la rigueur dans le suivi des protocoles. Charge ensuite à un biostatisticien ou à un clinicien d'analyser les résultats.

Formation : Master en ingénierie de la santé ou des technologies biomédicales, informatique ou statistique appliquée à la biologie et à la santé.

DICO MÉTIERS

HYDROBIOLOGISTE ★☆

Son credo : améliorer la qualité des eaux. Pour y parvenir, l'hydrobiologiste établit un diagnostic de l'état biologique des milieux aquatiques (lacs, ruisseaux, rivières...) afin d'y recenser les éventuelles pollutions, contaminations ou nuisances susceptibles d'affecter la faune et la flore. Multitâche, il effectue des prélèvements sur le terrain, analyse les échantillons dans un laboratoire et exploite les résultats sur ordinateur. Une fois le problème repéré, il s'agit de proposer des solutions : modifier des pratiques agricoles, limiter la pêche d'un poisson, aménager une station d'épuration...

Formation : Doctorat en hydrobiologie.

INGÉNIEUR/E BREVET ★★

Protéger la recette de fabrication d'un médicament ou son utilisation, ... la mission de l'ingénieur brevet, en g... dans un domaine (biologie... nologies...). L'obtention d'... l'exclusi... industri... un client... rédiger u... conseil. En... il suit l'innova... développements. Dans un...

Formation : Diplôme d'ingénieur, master ou doctorat en sciences de la vie, chimie, biochimie, complété par le diplôme du Centre d'études internationales de la propriété intellectuelle (Ceipi).

★☆ Accessible directement après ses études
★★ Accessible avec de l'expérience

58 Les métiers de la biologie I 2016

Les métiers de la biologie I 2016 59

De A à Z, tous les métiers du secteur en fiches.

Retrouvez tous les mots soulignés expliqués dans le lexique.

ÉTUDES

Filière par filière, retour sur l'essentiel à savoir.

ÉTUDES

LES BTS/BTSA *à la loupe*

Après le bac → 2 ans

Une poignée de BTS/BTSA cible différents domaines d'application de la biologie, comme l'agroalimentaire, la cosmétique ou le médical. Les méthodes d'analyse et de contrôle y figurent en bonne place.

PLANÈTE MÉTIERS
Objectif des brevets de technicien supérieur (BTS) et des BTS agricoles (BTSA) : rendre les diplômés immédiatement opérationnels. Les enseignements pro occupent la moitié de l'emploi du temps en 1re année, les deux tiers en 2de année. S'y ajoutent jusqu'à 16 semaines de stage en entreprise. Le reste est dédié aux matières générales (français, langues, mathématiques, économie...). Certains établissements proposent la formation en apprentissage.

AMBIANCE LYCÉE
Les étudiants retrouvent en section de techniciens supérieurs (STS) un cadre familier : le lycée le plus souvent, avec des classes de 30 élèves, une trentaine d'heures de cours par semaine et une présence obligatoire. Cours et travaux en groupes, devoirs et projets à rendre : le rythme de travail est soutenu. Si la scolarité est gratuite dans le public, les droits d'inscription peuvent être élevés dans certains établissements privés.

ADMISSION SUR DOSSIER
Les candidatures se font sur le portail APB. La sélection prend en compte les bulletins de 1re et de terminale et, parfois, des tests de niveau. Une lettre de motivation peut être jointe au dossier scolaire. Un quota de places, fixé par chaque académie, est réservé aux bacheliers professionnels. De plus, les titulaires d'un bac pro ou technologique obtenu avec une mention « bien » ou « très bien » sont admis de droit dans une spécialité cohérente avec leur bac.

EXAMEN FINAL
Pour obtenir son BTS/BTSA, il faut réussir un examen national en fin de 2de année, intégrant une part de contrôle continu. Comme les matières générales pèsent parfois aussi lourd que les disciplines professionnelles, il ne faut pas les négliger.

S'INSÉRER OU POURSUIVRE
Avec des entreprises demandeuses de techniciens à bac + 2, l'insertion est au rendez-vous. La moitié des diplômés de BTS/BTSA poursuivent toutefois leurs études. En licence pro, en école spécialisée ou, pour les meilleurs, en école d'ingénieurs ou en licence.

Repère
La durée de la formation peut être réduite pour les élèves qui viennent d'un autre BTS, d'une licence ou d'une classe prépa.

À savoir
Des classes prépa adaptation technicien supérieur (ATS), en 1 an après un BTS/BTSA ou un DUT, préparent des élèves très motivés à l'admission dans certaines écoles d'ingénieurs.

74 Les métiers de la biologie | 2016

En complément, nos réponses à vos questions les plus fréquentes et des fiches diplômes.

BTS/BTSA ÉTUDES

Comment choisir son BTS biologie ?

Comment augmenter ses chances d'être admis ?

ÉTUDES BTS/BTSA

BTS analyses de biologie médicale

BTS biotechnologies

EMPLOI

En un clin d'œil, le panorama des employeurs et de ce qu'il faut retenir du recrutement dans ce secteur.

EMPLOYEURS EMPLOI

LES EMPLOYEURS DU SECTEUR

LABOS PUBLICS

GRANDS GROUPES

PME ET START-UP

BUREAUX, CABINETS...

TENDANCES EMPLOI

LES TENDANCES DU RECRUTEMENT

Contrairement aux idées reçues, la biologie n'est pas une voie de garage. Si les postes sur concours dans le public restent limités, le secteur privé de la santé et de l'agroalimentaire offre de belles opportunités.

La recherche, au compte-gouttes

Quand biologie rime avec industrie

58 %

87 %

48 %

Au nom de la qualité et de la sécurité

Le filon cosmétique

GUIDE PRATIQUE

- *Le carnet d'adresses avec la liste de toutes les formations ;*
- *lexique ;*
- *index.*

GUIDE PRATIQUE

CARNET D'ADRESSES DES FORMATIONS

Retrouvez toute l'information sur les formations et les établissements mise à jour sur **www.onisep.fr**.

Au sommaire

BTS ET BTSA

BTS ANALYSES DE BIOLOGIE MÉDICALE

BTS BIO-ANALYSES ET CONTRÔLES

Les métiers de la biologie | 2016

OÙ TRAVAILLENT LES PROS DE LA BIOLOGIE ?

La biologie, vous en rêvez ? De nombreux professionnels la pratiquent au quotidien. Passage en revue des secteurs où les compétences des biologistes sont appréciées.

La santé

Un milieu naturel pour les biologistes. Alors que certains étudient le cancer ou cherchent un traitement innovant contre le diabète, d'autres fabriquent des antibiotiques, contrôlent les effets secondaires des médicaments ou valident des analyses biologiques.

Pour les médecins, consulter le Parcours « Les métiers du médical », 2014.

L'agroalimentaire

Bienvenue dans les coulisses des aliments ! Les profils bio y sont attendus, par exemple pour observer l'activité des micro-organismes sur la charcuterie, améliorer le processus de fabrication d'un fromage, ou imposer des règles d'hygiène et de sécurité sur une ligne de production.

Les cosmétiques

Lait hydratant, shampoing, rouge à lèvres... les cosmétiques ne sont pas la chasse gardée des chimistes. Cultiver et manipuler des végétaux, inventer une nouvelle formule de crème, analyser les réactions de la peau, tester les risques d'allergie... autant d'activités qui réclament une expertise en biologie.

L'éducation

Travailler dans le secteur de la biologie, c'est aussi transmettre cette science. On peut enseigner les sciences de la vie au collège ou au lycée, sensibiliser et informer le grand public sur les questions de santé et d'environnement, mettre au point des animations pour les visiteurs d'un parc naturel...

L'environnement

Les spécialistes du vivant ont un rôle à jouer en matière de protection de l'environnement. Ils ont, en effet, le bagage nécessaire pour contrôler la qualité des eaux, rechercher les causes de la pollution d'un lac, mesurer l'impact de substances nocives sur un écosystème...

UNE JOURNÉE DANS LES LABORATOIRES SEDERMA (78)

100 % actifs

Photos : Grégoire Maisonneuve

Ils entrent dans la composition des crèmes hydratantes, des shampoings antipelliculaires et des gels contre l'acné. « Ils », ce sont les principes actifs, qui produisent un effet sur la peau. Et les laboratoires Sederma se chargent d'en fournir aux fabricants de cosmétiques. En prenant le temps qu'il faut. Ainsi, pour une molécule antirides, de la recherche de la plante, de l'algue ou du champignon dont on l'extrait jusqu'à sa livraison au client, pas moins de 3 années de développement seront nécessaires. Aidés de machines sophistiquées et de leur très grande rigueur, une dizaine d'ingénieurs et de techniciens se relaient pour mener à bien cette mission. Blouses, gants, locaux aseptisés... bienvenue dans un univers où l'on ne plaisante pas avec l'hygiène et la sécurité !

sederma
sederma

RECHERCHE

De nouvelles plantes, jusqu'ici inutilisées en cosmétique, sont proposées par un client, l'équipe marketing ou le service recherche de Sederma ? Chargé d'évaluer les risques toxicologiques, Florian organise une réunion tous les 3 mois : *« Je fais des recherches pour vérifier que ces plantes ne présentent aucun risque pour la santé. Mes collègues responsables des brevets et de la réglementation s'assurent qu'elles ne sont pas protégées ou interdites dans certains pays. »* Sur la vingtaine de produits envisagés, seuls quatre ou cinq partent en développement.

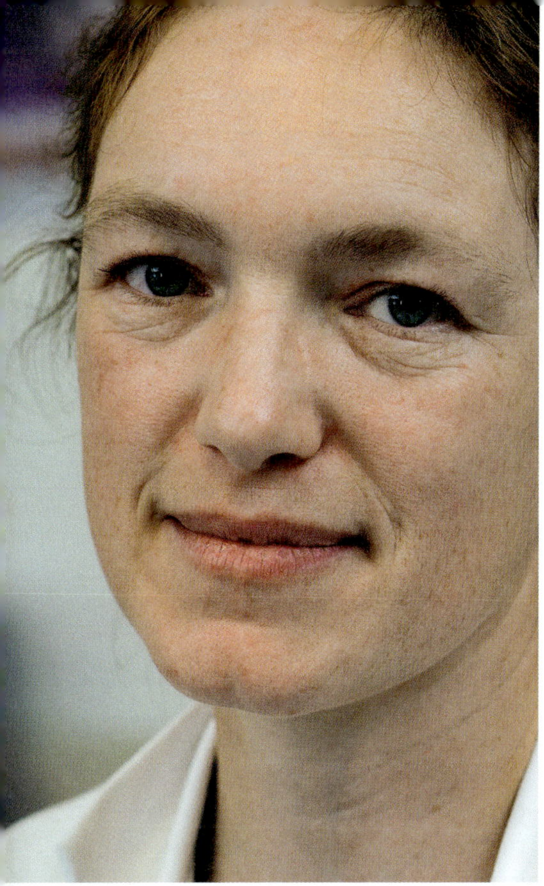

Chercheuse en biotechnologie végétale, Magella va suivre l'un de ces projets. Son défi : prélever des cellules sur une tige, feuille ou racine, et les faire se multiplier pour qu'elles produisent un principe actif antirides. Les cellules sont mises en culture dans des bioréacteurs, à l'abri de la lumière pour éviter la photosynthèse qui rendrait le mélange vert et peu attrayant pour des cosmétiques. Sous la hotte, Magella surveille leur croissance : *« Les biotechnologies permettent de faire pousser des cellules à l'infini, à partir d'une seule feuille. Ainsi, je peux utiliser toutes les plantes, même rares, quelle que soit la saison ! »* ■

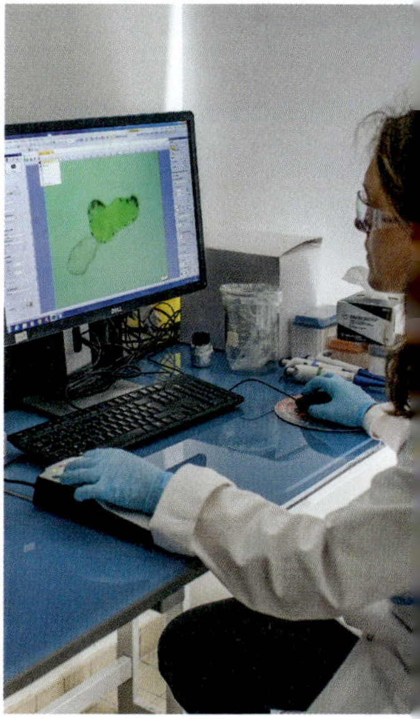

TESTS

Il faut maintenant vérifier que la molécule extraite de la plante par Magella tient bien toutes ses promesses. Au laboratoire de tests, Maëva, technicienne supérieure de laboratoire, cultive des cellules de peau vivantes, puis les met au contact du principe actif pendant plusieurs jours.
Première option : les cellules de peau produisent plus de collagène, qui limite l'apparition des rides. Sur l'écran, le vert indique les fibres de collagène et un logiciel calcule leur quantité. *« Les machines nous envoient les données brutes : à nous d'en tirer des statistiques et des conclusions sur l'efficacité du produit »*, explique Maëva. Seconde option : la technicienne ne trouve aucun intérêt à la molécule. Elle en informe aussitôt Magella. *« De même, si je constate que le produit abîme les cellules ou qu'au bout de 3 jours il perd de son effet, je lui demande de le retravailler. »* Ces allers-retours ne sont pas rares.

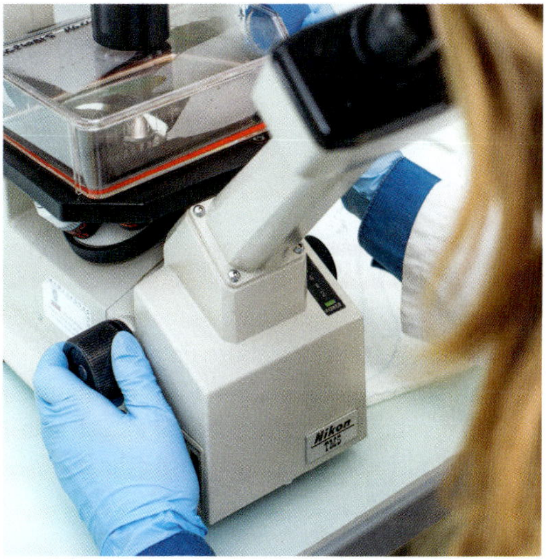
Nikon

PRODUCTION

Une fois l'efficacité de la molécule validée, Magella élabore un protocole pour passer des petites doses produites dans son labo à une quantité industrielle vendue aux entreprises cosmétiques.

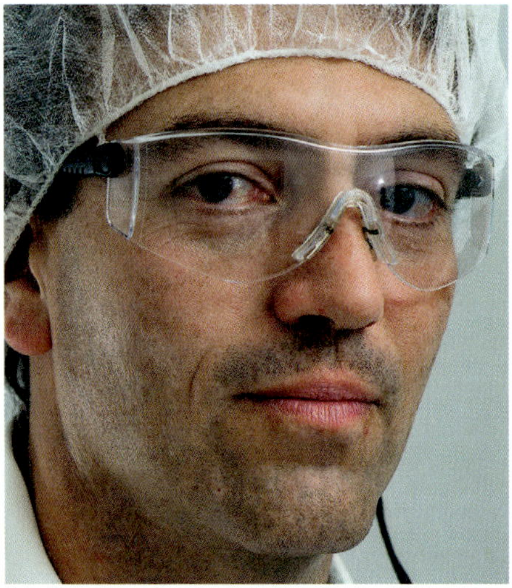

Pas question qu'un cheveu se glisse dans le produit destiné au client. Au laboratoire de production, les sur-chaussures, charlottes et cache-barbes sont de mise. Frédéric, technicien, assure la production à grande échelle. Il règle le bioréacteur pour créer les conditions favorables à la croissance des cellules végétales: oxygène, température, pH... *« Passer de la fiole à la poche de 600 litres prend 3 mois. À chaque étape, il faut être très attentif à la stérilisation car, si jamais une bactérie s'introduit, elle se développe à la vitesse grand V et le lot est bon à jeter! »* Quand les cellules ne se multiplient pas assez rapidement, il se renseigne auprès de Magella pour ajuster les réglages. Grâce à des prélèvements réguliers, il sait quel est le bon moment pour récolter la molécule. Il l'extrait, puis la livre, après formulation, au service qui la mettra en bidons. ■

COMMERCIAL

Chargé de vendre les principes actifs de Sederma, Sébastien rend régulièrement visite aux fabricants de cosmétiques, en France et en Asie : *« Je m'appuie sur des catalogues papier qui détaillent les caractéristiques scientifiques et techniques de nos produits. »* Les clients peuvent commander des échantillons pour voir s'ils s'intègrent bien dans les formules de leurs cosmétiques.

Un client pose à Sébastien une question pointue sur l'origine de la molécule ? Le responsable commercial demande des précisions à Magella. Un autre veut s'assurer que le principe actif peut être utilisé par les femmes enceintes ? Sébastien appelle Florian, qui se plonge dans les bases de données de biologie ou utilise des logiciels de calcul de risques pour lui répondre sur la tolérance du produit.

3 ans après la réunion de lancement, le principe actif, mis en bidons, est prêt à partir chez les clients. Les entreprises cosmétiques l'introduiront dans la fabrication de leurs crèmes, qui seront ensuite vendues en grande surface, en magasin spécialisé ou en pharmacie. ■

MÉTIERS

LES MÉTIERS EN 5 FAMILLES

Au sein d'un laboratoire d'analyses, d'une entreprise ou d'un institut de recherche, leurs compétences en biologie sont recherchées. Zoom sur 28 professions emblématiques des sciences de la vie.

© FOTOGRAPHIXX / ISTOCK.COM

CONCEVOIR

Développer, innover, tester, améliorer… autant de verbes qui résument les missions de ces biologistes qui tous, du chercheur au technicien, possèdent le goût de la recherche et une grande polyvalence. Sur le terrain, dans un laboratoire ou derrière un bureau, ils jonglent avec leurs compétences scientifiques, techniques, informatiques et linguistiques.

- **Attaché/e de recherche clinique**
- **Bio-informaticien/ne**
- **Chercheur/euse en biologie**
- **Gestionnaire de données cliniques**
- **Hydrobiologiste**
- **Ingénieur/e brevet**
- **Ingénieur/e recherche et développement (R & D)**
- **Technicien/ne de recherche**

PRODUIRE

Au laboratoire, ils analysent des prélèvements pour établir un diagnostic ou testent différentes formules pour créer un nouveau biomédicament.
À l'usine, ils participent à la fabrication à grande échelle de produits cosmétiques, agroalimentaires ou pharmaceutiques. Le point commun de tous ces professionnels : une connaissance fine des processus biologiques.

- **Biologiste médical/e**
- **Chef/fe de projet en biotechnologies**
- **Formulateur/trice**
- **Ingénieur/e procédés**
- **Ingénieur/e production**
- **Technicien/ne en analyses biomédicales**
- **Technicien/ne production**

Filles et garçons exercent tous ces métiers.

VENDRE

Yaourts, équipements pour les labos de recherche, crèmes anti-âge... ces commerciaux connaissent leurs produits sur le bout des doigts. Experts techniques, ils se distinguent par leur double casquette, science et marketing. Un impératif : savoir argumenter et convaincre toutes sortes de clients pour faire grimper le chiffre d'affaires de l'entreprise.

- **Chef/fe de produit**
- **Technico-commercial/e**

CONTRÔLER

Qu'ils soient chargés de garantir la conformité des produits, de traquer les effets indésirables d'un médicament, d'assurer la sécurité des salariés ou d'éliminer les substances dangereuses, tous prennent soin de respecter les normes en vigueur. Leur objectif : le risque zéro. Leur arme : la vigilance.

- **Chargé/e d'affaires réglementaires**
- **Chargé/e d'hygiène, sécurité et environnement (HSE)**
- **Chargé/e de pharmacovigilance**
- **Contrôleur/euse qualité**
- **Responsable de laboratoire de contrôle**
- **Responsable qualité**
- **Technicien/ne de laboratoire bactériologique**
- **Toxicologue**

ENSEIGNER

Leur cœur de métier ? Transmettre un savoir scientifique, parfois pointu, à des élèves, à des étudiants ou au grand public. La pédagogie représente donc leur meilleur atout. L'enseignement et la communication ne sont pas leurs seules tâches. Organisation d'activités, travaux de recherche, rédaction d'articles rythment leur quotidien.

- **Enseignant/e-chercheur/euse**
- **Médiateur/trice scientifique**
- **Professeur/e de SVT**

DE L'IDÉE AU PRODUIT : HISTOIRE D'UN YAOURT

Derrière un yaourt prêt à être consommé se cache le travail de nombreux pros de l'industrie laitière, avec un profil bio pour certains.

Protéger

Ces projets doivent absolument rester secrets ! L'**ingénieur brevet** se charge d'évaluer et de protéger les innovations pour les mettre à l'abri de la concurrence.

Innover

Un laitage plus onctueux, un nouvel arôme tendance, une version allégée… après avoir mené une enquête détaillée auprès d'un panel de consommateurs, le **chef de produit** décide de lancer une nouvelle gamme de yaourts. L'**ingénieur recherche et développement (R & D)** pilote diverses expériences pour trouver LA bonne recette, qui satisfera un maximum de gourmands.

Fabriquer

Principal ingrédient du yaourt, le lait cru est livré à l'usine. Un **opérateur** commence par le chauffer à haute température pour éliminer les mauvais microbes. Une fois refroidi, il est mélangé à des ferments lactiques pour lui donner une texture satisfaisante.

Produire

Sur sa ligne de production, le **technicien** s'assure qu'aucun incident ne vient perturber la mise en pots des produits laitiers. Le **responsable production** coordonne le travail des différentes équipes pour que les yaourts puissent être livrés dans les quantités demandées, en temps voulu et au moindre coût.

Contrôler

Le **technicien de laboratoire** effectue des prélèvements et des analyses, depuis la cuve de lait jusqu'au produit fini. Il traque les bactéries et tout ce qui est susceptible de contaminer les yaourts. En fonction des résultats obtenus, le **responsable qualité** donne – ou non – son feu vert pour la commercialisation.

Vendre

Pour que le yaourt arrive sur la table du consommateur, le **technico-commercial** met au point une stratégie. Il assure la promotion et la vente du produit auprès des grandes surfaces, des restaurants d'entreprises, des cantines scolaires...

BIO-INFORMATICIENNE

© DR

Rachel Torchet,
bio-informaticienne
à l'Institut Pasteur
à Paris

« Extraire des informations intéressantes pour les biologistes. »

Partie en Suède *« faire un stage classique paillasse-pipettes-labo »* pendant ses études de biologie, Rachel a découvert la bio-informatique et... ne l'a plus quittée ! C'est avec cette casquette qu'elle a fini par intégrer l'Institut Pasteur. Son rôle : trouver et organiser des informations dans la masse de données produite par les biologistes.

Tête chercheuse. Un chercheur de l'Institut analyse, par exemple, des génomes pour repérer d'éventuelles mutations liées à des maladies. Cette opération, qui nécessite des technologies très puissantes, va générer une énorme quantité de données. *« C'est là que j'interviens pour essayer d'en tirer le maximum d'informations et répondre aux hypothèses de travail des biologistes. Cela passe par le nettoyage de ces données, leur comparaison avec des génomes de référence pour voir où il y a des mutations... »*

Routine et sur-mesure. Pour mener à bien cette tâche, Rachel utilise des outils informatiques classiques. *« Mais je peux aussi avoir à adapter et améliorer des programmes existants, voire à en créer de nouveaux pour faire face à des besoins spécifiques. »* Le développement de code et l'utilisation de langages de programmation font ainsi partie de son quotidien. Les échanges avec les biologistes sont réguliers pour formaliser leur problème, savoir ce qu'il est possible de faire ou non d'un point de vue informatique, puis, plus tard, expliquer la direction prise. *« Il faut parfois aussi les former sur l'utilisation d'un outil qui a été mis en place. »*

Le sens de la science. Pas seulement plongée dans les méandres du code, Rachel a besoin de sa formation scientifique qui lui apporte un regard différent. *« Je suis plus sensible aux interrogations des biologistes qu'un informaticien, car je connais les pratiques biologiques en jeu derrière ces questionnements. »*

Quel salaire ?

Un bio-informaticien débutant perçoit entre 2100 et 2400 € brut par mois dans le public, 2200 € à 2800 € dans le privé.

Ça recrute ?

Les profils en bio-informatique, encore rares, sont très recherchés, notamment dans le privé. Le secteur public, dépendant des financements alloués pour la recherche, propose en majorité des CDD. L'étranger, par exemple le Canada ou les États-Unis, offre la possibilité de faire de belles carrières.

Quelle évolution ?

Comme Rachel à l'Institut Pasteur, les bio-informaticiens peuvent voir leurs missions s'élargir à la communication scientifique pour sensibiliser les chercheurs, mais aussi le grand public, à leur activité encore méconnue. Certains bio-informaticiens se lancent aussi dans l'aventure de la start-up.

Quelles études ?

Après le bac en 5 ou 8 ans

Un niveau bac + 5 est le minimum requis pour devenir bio-informaticien.

- À l'université, la formation se compose souvent d'une licence de sciences de la vie, suivie d'un master en bio-informatique, informatique du vivant et modélisation, biostatistiques... Ces masters acceptent parfois des profils informatique, maths, physique-chimie ou pharmacie.
- Quelques écoles d'ingénieurs offrent des spécialisations (bio-informatique et modélisation pour la biologie à Polytech Nice Sophia, par exemple), voire un cursus complet (Insa Lyon).
- Deux écoles spécialisées (Isup et SupBiotech) proposent aussi un titre à bac + 5 en bio-informatique.
- Certains étudiants choisissent de poursuivre jusqu'au doctorat (bac + 8), parfois requis pour devenir chef d'équipe.

À noter

Il existe, à bac + 2, un DUT génie biologique option bio-informatique à l'université d'Auvergne et, à bac + 3, quelques licences pro et des parcours en bio-informatique en licence. Ces cursus forment des techniciens, aptes à exercer dans les laboratoires d'analyses et de contrôle.

Retrouvez les études pp. 88, 92, 96.

CHERCHEUR EN BIOLOGIE

© DR

Jean-Claude Platel,
chercheur pour l'Inserm à Marseille

« Biologiste, je fais aussi de la physique et de l'optique. »

Comment se développent les neurones dans le cerveau d'une personne atteinte d'autisme ou de schizophrénie ? Jean-Claude tente chaque jour de répondre à cette question afin de pouvoir concevoir des traitements. Après plusieurs années aux États-Unis et en Allemagne, il a été recruté par l'Institut national de la santé et de la recherche médicale (Inserm).

Multitâche. Son quotidien se compose de diverses activités : se tenir à jour des avancées dans son domaine, réaliser des expériences en laboratoire puis les analyser, rédiger des protocoles expérimentaux, ou encore gérer des demandes de contrats pour obtenir des financements. *« Il y a aussi une partie formation et management. Je travaille avec un doctorant et un ingénieur de recherche que je dois guider et aider dans leurs projets. »*

Couteau suisse. *« Mais je ne suis pas seulement un biologiste car il y a toujours quelque chose à bricoler, comme les microscopes. Il faut faire de l'optique, de la physique... »* Même débrouillardise en informatique, où Jean-Claude écrit parfois lui-même des logiciels pour analyser ses expériences. *« Un bon chercheur doit être capable de s'adapter, de se former à une nouvelle technique ou de développer les outils dont il a besoin pour avancer. »*

Dr House. *« Dans cette série télévisée, les personnages se réunissaient devant un tableau et essayaient toutes les hypothèses. C'est aussi ce que nous faisons. »* Loin d'être solitaire, ce métier exige de partager ses idées lors de réunions hebdomadaires avec les membres du labo, dans des colloques scientifiques ou encore en écrivant des publications. *« Présenter notre travail à d'autres ouvre des perspectives. On prend conscience des erreurs d'interprétation ou des points à éclaircir. En recherche, on ne sait jamais où l'on va, on avance, on fait des découvertes, tout change en permanence. »*

Quel salaire ?

Dans le public, un chercheur débutant perçoit environ 2 000 € brut par mois (hors primes et indemnités).
Dans le privé, les salaires sont en général un peu plus élevés, mais ils varient en fonction du secteur d'activité et de la taille de l'entreprise.

Ça recrute ?

L'insertion professionnelle des chercheurs en biologie est difficile, faute de financements.
Dans le public (universités, hôpitaux ou instituts de recherche), les places sont très chères. Lorsque Jean-Claude a tenté sa chance à l'Inserm, cinq postes seulement étaient ouverts.
Guère plus de postes dans les laboratoires privés indépendants ou rattachés à de grands groupes.

Quels débuts ?

La plupart des jeunes chercheurs commencent leur carrière par des CDD de 1 an, renouvelables, dans le public.
À l'instar de Jean-Claude, beaucoup partent travailler dans la recherche publique ou privée à l'étranger.

Quelles études ?

Après le bac en 8 ans au minimum

Pour devenir chercheur, le doctorat constitue un passage obligé. Il s'effectue en 3 ans après un bac + 5 au minimum. Plusieurs voies permettent d'y accéder.

• Le cursus universitaire « LMD » : une licence de sciences de la vie, suivie d'un master orienté vers la recherche et spécialisé dans un domaine (biologie cellulaire et moléculaire, végétale ou animale ; génétique...), puis un doctorat.

• Autre possibilité : commencer par un diplôme d'ingénieur (généraliste ou spécialisé), puis effectuer un doctorat *via* l'université ou une école d'ingénieurs (AgroParisTech, Insa Lyon...).

• Certains choisissent de suivre des études de santé (médecine ou pharmacie, notamment), avant de se lancer dans un doctorat.

• Enfin, les écoles normales supérieures (ENS), en 4 ans après des classes prépa, peuvent, elles aussi, conduire au doctorat.

À noter

Il est possible de réaliser son doctorat en entreprise, sous contrat rémunéré.

Retrouvez les études pp. 88, 92, 95.

INGÉNIEURE BREVET

© DR

Ludivine Decobert,
ingénieure brevet chez Pontet Allano & Associés à Gif-sur-Yvette (91)

« Comme une avocate, je dois argumenter et convaincre. »

« Un couteau, une enveloppe, de la mayonnaise ou un moteur d'avion... on peut tout breveter. » Mais le domaine de prédilection de Ludivine, spécialisée en biologie, c'est plutôt la santé humaine, *« en particulier les médicaments, les protéines thérapeutiques, les anticorps »*. Ingénieure brevet dans un cabinet de propriété industrielle, elle peut avoir à protéger, pour le compte d'un client, aussi bien un produit que son utilisation ou son procédé de fabrication.

Décrocher un brevet. Un laboratoire découvre une protéine et veut la mettre à l'abri de la concurrence ? Le brevet lui permet d'obtenir un monopole d'exploitation pendant 20 ans sur un territoire donné. Ludivine rédige une demande et la dépose auprès de l'office chargé de délivrer ces titres en France comme à l'étranger. Suit l'examen du dossier : *« À ce moment-là, il y a beaucoup d'échanges. Comme un avocat, je dois argumenter et convaincre l'examinateur que l'invention est brevetable, même s'il pense le contraire. »*

Attention, concurrence. Mais Ludivine rencontre parfois des embûches. *« Un particulier, un universitaire ou une entreprise peut s'opposer au brevet d'un client, pour un procédé par exemple. Je vais alors défendre le dossier devant l'office. »* À l'inverse, elle peut aussi contester le brevet d'un concurrent, voire aller jusque devant les tribunaux pour dénoncer une contrefaçon. Des challenges que la jeune femme trouve stimulants.

La dimension conseil. Troisième facette du métier, celle que Ludivine préfère : le conseil au client. *« Il s'agit notamment de déterminer ses possibilités d'exploiter librement son invention sur un ou plusieurs territoires, sans risque de contrefaçon. »* Un quotidien prenant, mais passionnant : *« J'ai la chance d'exercer une des rares professions où l'on peut combiner deux approches aussi différentes que le droit et la science. »*

Quel salaire ?

Avec un titre d'ingénieur, un débutant dans le domaine de la biologie touche au minimum 2500 € brut par mois dans l'industrie et 2900 € dans un cabinet de propriété industrielle.
Avec le diplôme du Ceipi *(lire ci-contre)*, le salaire démarre à 3300 €.

Ça recrute ?

Les cabinets de propriété industrielle recrutent davantage que les industries. Parmi les ingénieurs brevet, les biologistes, nombreux sur le marché, rencontrent toutefois plus de difficultés d'insertion que les autres profils (mécaniciens, électroniciens...). Décrocher son premier emploi peut prendre 6 à 10 mois.

Quelle évolution ?

Après 2 ans au minimum d'expérience, un ingénieur brevet peut devenir mandataire en brevets européens.
Pour cela, il faut qu'il réussisse l'examen européen de qualification.

Quelles études ?

Après le bac en 5 ou 8 ans

- Il est possible d'intégrer un service ou un cabinet de propriété industrielle avec un diplôme à bac + 5 (master à l'université ou diplôme d'ingénieur) ou bac + 8 (doctorat en sciences du vivant, chimie, biochimie). Mais, avec ce bagage, seules certaines missions attachées au métier d'ingénieur brevet pourront être effectuées.
- Pour devenir pleinement ingénieur brevet et endosser plus de responsabilités (défendre un brevet ou s'y opposer devant un tribunal), il faut compléter ce cursus par une formation juridique en propriété intellectuelle de 1 an (étudiants) ou en alternance (professionnels) au Centre d'études internationales de la propriété intellectuelle (Ceipi).

À noter

Les offices de propriété intellectuelle qui délivrent les brevets embauchent des ingénieurs examinateurs en brevets, qu'ils forment eux-mêmes (recrutement à bac + 5 : master ou diplôme d'ingénieur).

Retrouvez les études pp. 88, 92.

INGÉNIEURE RECHERCHE ET DÉVELOPPEMENT (R & D)

© DR

Nadège Adouard,
ingénieure R & D
chez Danone Nutricia
Research à Palaiseau (91)

« C'est important d'aller au labo pour rester en prise avec la réalité. »

Dans un yaourt nichent des bactéries vivantes indispensables à sa conservation. Que deviennent-elles une fois l'aliment consommé et digéré ? Sont-elles encore en vie ? Continuent-elles de se multiplier ? C'est ce que doit évaluer Nadège, ingénieure recherche et développement à la division produits laitiers de Danone.

Superviser. *« Nous développons des outils qui simulent différentes parties de la digestion. Cela sert à comprendre l'impact du stress subi par les micro-organismes à ces moments-là. »* Nadège a pour mission de coordonner ces expérimentations et d'en assurer le suivi. *« Je fais en sorte que les interactions entre les équipes se passent bien, que les informations soient partagées, les notes de synthèse mises à jour, et j'organise aussi des réunions. »* Sans jamais s'éloigner trop longtemps de la paillasse. *« J'interviens pour faire des réglages, vérifier que les machines fonctionnent. C'est important d'aller au labo pour rester en prise avec la réalité. »*

Garantir. Nadège se porte aussi garante de la fiabilité des résultats issus de ces tests. *« D'un point de vue légal, il faut pouvoir assurer la présence d'une certaine quantité de bactéries encore vivantes dans nos produits, de l'usine jusque chez le consommateur. »* De même, si l'entreprise vante les bénéfices pour la santé d'un yaourt, *« je dois être en mesure de les étayer par des démonstrations scientifiques »*.

Communiquer. Son expertise en biologie lui sert à 50 % dans ses fonctions. *« L'autre moitié, ce sont des compétences transversales que j'ai développées progressivement. »* Parmi elles : la capacité à synthétiser des informations et à les présenter à des interlocuteurs pas forcément scientifiques. *« Il faut savoir expliquer les projets sur lesquels nous travaillons et la direction que nous voulons prendre à d'autres divisions du groupe ou à des financiers pour les convaincre de nous suivre ou d'investir. »*

Quel salaire ?

La rémunération d'un débutant varie selon la taille de l'entreprise, le secteur d'activité, le statut (public ou privé) et le niveau d'études.
Avec un doctorat (bac + 8), comme dans le cas de Nadège, la fourchette se situe entre 2 000 € et 2 500 € net par mois.

Ça recrute ?

Les ingénieurs R & D sont employés par les grands groupes agroalimentaires, pharmaceutiques ou cosmétiques, mais également par des start-up. Outre le développement de produit, ils peuvent travailler dans la qualité ou l'optimisation de la production. Quelques places sont à prendre dans les organismes de recherche publics.

Quelle évolution ?

Un ingénieur R & D peut évoluer soit en gérant plus de personnes, soit en faisant valoir une expertise très pointue dans un domaine, devenant ainsi la référence au sein de son entreprise.

Quelles études ?

Après le bac en 5 ou 8 ans

Un niveau bac + 5 est le minimum requis pour devenir ingénieur R & D.

- L'accès au métier se fait en majorité après une école d'ingénieurs, généraliste ou spécialisée dans le secteur visé (agroalimentaire ou agronomie, par exemple).
- La voie universitaire constitue aussi une porte d'entrée : d'abord une licence de sciences de la vie ou de chimie, puis un master en génie biologique, génie des procédés ou orienté vers le secteur d'application concerné.
- Au-delà, le doctorat (bac + 8) peut apporter une plus-value sur le marché du travail. Il permet de se spécialiser dans un domaine pointu (microbiologie, biotechnologies...) qui peut notamment intéresser l'industrie.

Retrouvez les études pp. 88, 92.

BIOLOGISTE MÉDICALE

© DR

Laure Bourquignat,
biologiste médicale
à l'Établissement français
du sang à l'hôpital Tenon
à Paris

« Ma valeur ajoutée : conseiller les médecins pour la transfusion de leurs patients. »

Un malade hospitalisé à l'hôpital Tenon a besoin de recevoir du sang ? Le médecin qui le suit demande conseil à Laure pour transfuser le patient en toute sécurité. Pour cela, la biologiste supervise l'analyse du groupe sanguin puis choisit le produit adéquat.

Orchestrer les analyses. Au laboratoire, Laure valide sur ordinateur les analyses de groupe sanguin réalisées par les 14 techniciens qu'elle encadre avec une autre biologiste. *« Des examens sont difficiles à interpréter ou les résultats inhabituels ? J'aide à décider des examens complémentaires à effectuer. »* Laure vérifie aussi que les infirmiers et techniciens respectent les méthodes pendant le prélèvement et l'analyse, que les automates sont correctement utilisés et réglés... Puis elle signe le compte rendu, transmis au médecin qui a prescrit l'analyse. Elle n'est donc jamais au contact direct du patient.

Sécuriser l'opération. La partie du travail que Laure préfère ? Trouver le meilleur produit sanguin pour le patient, en fonction des résultats des analyses biologiques et de sa maladie. *« C'est dans ce conseil donné aux médecins que se situe ma valeur ajoutée. Pour cela, je me tiens informée des avancées dans les traitements des maladies suivies à l'hôpital Tenon. »* Également chargée de la gestion des stocks, Laure veille à ce que des produits correspondant à tous les groupes sanguins soient disponibles en permanence.

Des nerfs solides. En cas d'urgence vitale, une procédure spéciale est enclenchée, consistant à choisir les produits les plus compatibles avec l'ensemble de la population, sans faire d'analyses. *« Il y a alors une part d'incertitude sur la compatibilité avec le receveur. C'est une prise de risque, mais, si la vie du patient en dépend, il faut le transfuser. »* Une décision qui demande beaucoup de sang-froid de la part de tous les membres de l'équipe : le médecin urgentiste, les techniciens de laboratoire et... la biologiste.

Quel salaire ?

Selon le Syndicat des biologistes, un débutant gagne entre 4 000 € et 5 000 € brut par mois.

Ça recrute ?

« Avec le nombre de places fixé par spécialité, normalement, tous les biologistes médicaux trouvent un poste. Mais il y a peu de candidats dans les petits hôpitaux et une rude concurrence dans les grands centres hospitaliers universitaires, notamment à Paris. Dans ce cas, il faut parfois passer d'autres diplômes, publier des articles… » Autres possibilités : exercer comme salarié dans le privé ou en libéral dans son propre laboratoire. Certains s'orientent aussi vers la recherche et l'enseignement.

Quels débuts ?

Pour être titularisés dans la fonction publique hospitalière, les jeunes pharmaciens et médecins doivent acquérir quelques années d'expérience avant de passer le concours de praticien hospitalier.

Quelles études ?

Après le bac en 9 à 10 ans

Pour accéder au métier, il faut effectuer des études de médecine ou de pharmacie, et choisir la spécialité biologie médicale.

Ces cursus se déroulent à l'université et sont accessibles sur concours très sélectif pendant la 1re année commune aux études de santé (PACES). Les étudiants en médecine suivent 6 ans de formation générale avant de s'engager dans une spécialité ; ceux de pharmacie, 5 ans. Dans les deux cas, il faut obtenir la spécialité biologie médicale pour l'internat, qui dure 4 ans et comprend cours et stages. Les étudiants pharmaciens et médecins sont alors regroupés.

Selon la spécialité (transfusion, bactériologie…) et le poste visés, il faut parfois compléter son cursus par un diplôme universitaire, un master, un doctorat…

Retrouvez les études pp. 88, 95.

CHEF DE PROJET EN BIOTECHNOLOGIES

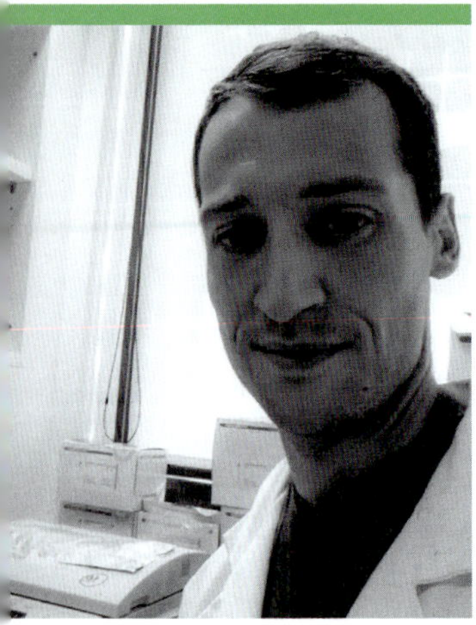

© DR

Alexandre Briand,
chef de projet
dans une start-up
de biotechnologies

« À moi d'être un moteur pour mobiliser les équipes. »

Au sein d'une start-up de biotechnologies qui compte désormais 50 personnes, Alexandre pilote le projet de recherche de la bactérie idéale pour produire des pigments orange utilisés dans des autobronzants ou de la nourriture pour animaux.

Feuille de route. Son rôle ? Manager une équipe de quatre techniciens pour trouver, parmi les milliers de souches de bactéries cultivées par la start-up, celle qui correspond aux attentes formulées dans le cahier des charges de l'entreprise cliente. Y figurent des critères de qualité et de quantité des pigments, mais aussi des contraintes de coûts, de délais et de respect de l'environnement. Grâce au logiciel de planification des tâches, Alexandre optimise le temps et les moyens pour la réalisation des différentes étapes.

Support technique. Le chef de projet intervient rarement à la paillasse, seulement si l'équipe rencontre un problème : *« Je dois proposer rapidement des solutions pour ne pas prendre du retard. »* Pour Alexandre, cela suppose de se tenir informé des dernières innovations technologiques et de rester à l'écoute de ses techniciens car *« chacun a des idées pour que la bactérie pousse plus vite ou produise davantage. À moi de combiner les trouvailles pour améliorer le produit »*.

Savoir convaincre. Alexandre consacre une grande partie de ses journées à informer le client, par mail ou en réunion, des avancées du projet. À tout moment, celui-ci peut décider d'arrêter l'aventure s'il n'est pas convaincu. D'où l'importance des capacités de communication du chef de projet, y compris en interne : *« Quand la science ne fonctionne pas, que les troupes sont démotivées d'avoir passé du temps sur une solution qui échoue, c'est à moi d'être moteur pour remobiliser tout le monde. »* Après 1 année consacrée à chercher la bactérie idéale, une nouvelle phase commence. Alexandre espère bien mener le projet jusqu'à l'industrialisation.

Quel salaire ?

Les chefs de projet débutent en général entre 2000 € et 3000 € net par mois (sources : Apec, SupBiotech).

Ça recrute ?

Tout dépend du secteur. « *Les places ne sont pas nombreuses en chimie du végétal car ce créneau émerge juste,* explique Alexandre. *Mais il est amené à se développer dans les prochaines années pour faire face à l'épuisement des ressources pétrolières.* » Davantage de postes sont à prendre dans la santé et la pharmacie, où les biotechnologies explosent.

Quels débuts ?

C'est sur le terrain qu'Alexandre s'est initié au métier de chef de projet. Après son master de microbiologie industrielle, il est recruté dans une entreprise de biocarburant. « *Au fil des années, j'ai pris de plus en plus de responsabilités, appris à organiser des réunions et à utiliser les outils de planification.* »

Quelles études ?

Après le bac en 5 ou 8 ans

Pour exercer des fonctions de chef de projet, un niveau bac + 5 au minimum en biologie ou biotechnologies, voire en chimie, et quelques années d'expérience sont nécessaires.

- À l'université, après une licence de sciences de la vie, on peut opter pour un master en sciences de la vie ou dédié à la gestion de projet.
- Autre voie : passer par une école d'ingénieurs. Il faut privilégier des spécialisations en biologie-biotechnologies (ESBS, EBI...) et/ou en gestion de projet, ces dernières étant notamment proposées dans les écoles généralistes.
- Plusieurs écoles spécialisées en biologie proposent également des titres à bac + 5 de chef de projet : SupBiotech, l'ESTBB...
- Certaines structures exigent un niveau doctorat (bac + 8). Celui-ci se prépare en 3 ans, le plus souvent après un master ou un diplôme d'ingénieur.

Retrouvez les études pp. 88, 92, 96.

FORMULATRICE

© DR

Mélanie Honoré,
formulatrice chez Thalion
à Plouguerneau (29)

« La cosmétique a un côté ludique. On peut toucher les produits, les sentir. »

Un nouveau principe actif arrive sur le marché des cosmétiques ? Le service marketing détecte une nouvelle tendance ? Au laboratoire, Mélanie teste différentes formules permettant de créer un soin hydratant ou d'améliorer la texture d'un gel douche. Particularité du laboratoire Thalion, situé sur la côte bretonne : tous ses produits contiennent des extraits d'algues.

Améliorer la recette. Après avoir branché balances et autres appareils de mesure, préparé spatules et pipettes, Mélanie va chercher ses ingrédients pour réaliser la « recette » écrite par sa responsable et la chargée de projet : principes actifs (notamment extraits d'algues), huiles, cires, parfums... Puis elle commence le mélange qu'elle observe attentivement : *« Si en ajoutant une matière je me rends compte qu'elle crée des grumeaux, qu'elle change l'odeur ou la couleur de la préparation, je propose une nouvelle solution. Grâce à ce que j'ai appris en biologie cutanée, je sais quel ingrédient choisir selon l'effet attendu de la crème. »*

Jouer les cobayes. Le côté ludique de la cosmétique plaît à la jeune femme : *« Contrairement à un labo de chimie, ici on peut toucher les produits, les sentir. »* Chaque soir, Mélanie et ses collègues repartent avec des échantillons de la préparation du jour à tester sur leur peau. *« Mes capacités sensorielles développées pendant ma formation me permettent d'évaluer si ça glisse trop parce qu'il y a trop d'huile. »* La formule est alors modifiée, et Mélanie la teste à nouveau.

Prêt pour l'usine. De 10 à 40 essais sont nécessaires pour arriver à une formule conforme au cahier des charges établi par le marketing. Avant d'être commercialisé, le produit passe encore différents tests : d'emballage, de stabilité, de vieillissement accéléré... Mélanie suit ces étapes, et accompagne son produit dans sa première fabrication à l'usine pour vérifier que la production à grande échelle se déroule bien.

Quel salaire ?

Un formulateur débutant gagne, selon l'employeur et le statut, entre 2 300 € et 2 600 € brut par mois (source : Fneb).

Ça recrute ?

« J'ai fait mon stage de fin de licence pro dans ma société actuelle. Ils m'ont rappelée quelques mois plus tard pour un remplacement, et m'ont gardée. » Comme Mélanie, il est primordial de bien choisir son stage, en visant des entreprises avec des opportunités d'emploi, par exemple un labo qui sort régulièrement de nouveaux produits.

Quelle évolution ?

Petit à petit, Mélanie assume de nouvelles responsabilités : bilan des essais, gestion et commande de matériel pour le laboratoire. Évolution envisageable parmi d'autres : devenir responsable de projet et suivre le développement d'un produit, de A à Z.

Quelles études ?

Après le bac en 2 ou 3 ans

Pour exercer comme technicien formulation, à la mise en œuvre des formules à la paillasse, plusieurs diplômes à bac + 2 sont adaptés : DUT chimie ; BTS bio-analyses et contrôles ; BTS métiers de la chimie (rentrée 2016).
Il est de plus en plus conseillé de poursuivre 1 an en licence pro (formulation industrielle ou cosmétique, développement de produits alimentaires, cosmétiques et de santé...).

Certaines écoles spécialisées (Isipca, ESTBB...) proposent des titres à bac + 2 ou bac + 3 sur ce créneau.

Après le bac en 5 ans

Pour devenir ingénieur formulation, qui manage une équipe de techniciens et passe souvent moins de temps à la paillasse, un niveau bac + 5 en chimie ou biotechnologies est nécessaire. Plusieurs voies possibles : un master à l'université, un diplôme d'ingénieur ou un titre à bac + 5 d'école spécialisée (SupBiotech, Isipca...).

Retrouvez les études pp. 74, 80, 86, 88, 92, 96.

INGÉNIEUR PRODUCTION

© DR

Alexis Couëpel,
ingénieur production chez Volvic à Clermont-Ferrand (63)

« On ne s'ennuie jamais quand on travaille en production ! »

Pour Alexis, le choix de l'agroalimentaire a été évident dès le lycée : ce gourmand a toujours été très curieux de comprendre comment étaient fabriqués les aliments de son assiette. La suite ? Une école d'ingénieurs spécialisée « agro » et un poste chez Volvic dans la foulée de son dernier stage.

Mise en bouteilles. Chaque heure, 37 000 bouteilles d'eau sortent de la ligne de production gérée par Alexis. 12 opérateurs et conducteurs pilotent les machines qui transforment les matières premières en bouteilles, les remplissent d'eau, les bouchent, puis les mettent sur des palettes pour être livrées. Alexis supervise cette équipe pour que le rythme de production et la qualité soient respectés. Le service marketing commande la mise en place d'un nouvel emballage ? L'ingénieur production organise son déploiement sur sa ligne : changement des moules et du film plastique, des réglages...

Parer aux imprévus. Une bouteille chute et bloque le circuit ? Alexis fait appel aux opérateurs et techniciens de maintenance. *« Je passe le maximum de temps sur la ligne avec mon équipe pour être réactif en cas de problème et que la production reparte au plus vite. »* S'il s'agit d'une pièce défectueuse, on se contente d'arrêter la ligne pour la changer. Si c'est un dysfonctionnement récurrent, une analyse plus profonde est menée.

Améliorer sans cesse. Étanchéité de la bouteille, présence sur l'étiquette de la date limite de consommation... le respect des normes d'hygiène et de sécurité est validé par des contrôles automatiques et humains. Alexis vérifie qu'ils sont bien réalisés. Outre la sécurité des consommateurs, il assure celle de ses équipes, en faisant réparer un appareil de levage en panne par exemple. Sans compter des chantiers à long terme : *« Il y a toujours des améliorations à apporter sur la signalisation dans l'usine, sur les procédures... Quand on travaille en production, on ne s'ennuie jamais ! »*

Quel salaire ?

Après 1 an d'expérience, Alexis touche autour de 2 900 € brut par mois. Un salaire conforme aux estimations de rémunération des ingénieurs production débutants.

Ça recrute ?

« Dans l'agroalimentaire, oui. La France est un pays agricole et, comme il est moins coûteux de transformer les produits au plus près de la production (source d'eau, élevage, champs), cela éloigne le risque de délocalisation à l'étranger et garantit des recrutements », analyse Alexis.

Quelle évolution ?

« Les ingénieurs production commencent souvent comme moi en tant que chef d'équipe, centré sur le management de terrain », explique Alexis. Ensuite, plusieurs postes en production sont accessibles, dans l'amélioration de la performance industrielle, la qualité, la sécurité...

Quelles études ?

Après le bac en 5 ans

Un diplôme à bac + 5 en lien avec la production industrielle ou le secteur visé (agroalimentaire, cosmétique, pharmacie...) est requis pour devenir ingénieur production.

• Les écoles d'ingénieurs constituent la principale voie d'accès au métier. Plusieurs d'entre elles sont dédiées à l'agroalimentaire (Agrocampus Ouest, Agrosup Dijon, ESA...) ou à la chimie, et proposent des spécialités en production en fin de cursus. Un diplôme d'ingénieur généraliste ou spécialisé, par exemple en production, génie industriel ou automatismes, est également adapté.

• Autre voie possible : l'université. La formation commence souvent par la licence de sciences de la vie, suivie d'un master en génie industriel ou dans le secteur d'application concerné.

• Enfin, certaines écoles spécialisées délivrent des titres à bac + 5 orientés vers la production et les bioprocédés.

Retrouvez les études pp. 88, 92, 96.

TECHNICIENNE EN ANALYSES BIOMÉDICALES

© DR

Kadija Boudiaf, technicienne en analyses biomédicales à l'hôpital Saint-Louis à Paris

« Prélever des microlitres d'ADN, cela demande beaucoup de minutie. »

Le laboratoire où exerce Kadija est spécialisé dans le diagnostic puis le suivi des patients atteints de leucémie, un cancer du sang. C'est donc de toute la France que la technicienne en analyses biomédicales reçoit des prélèvements de moelle à analyser.

Un travail de précision. L'objectif de Kadija : mesurer la quantité de globules blancs dans l'échantillon de moelle de son tube à essais. Elle déroule pour cela une procédure précise, en plusieurs étapes. *« Pour moi qui ai toujours aimé les travaux pratiques au lycée, ce métier très manuel qui me fait utiliser des techniques variées est idéal ! »* Elle commence par programmer une machine qui sépare les cellules et les met dans un sérum de veau pour les maintenir vivantes, avant de les congeler. Puis elle en extrait l'ADN. *« Prélever de toutes petites quantités, parfois des microlitres d'ADN, demande beaucoup de minutie dans les gestes. »*

Objectif 100 % sécurité. À la paillasse la majeure partie du temps, c'est équipée de gants, d'une blouse et sous une hotte garantissant un air stérile que Kadija effectue ses manipulations : *« Ce travail exige une grande vigilance car il y a un risque de contamination par la moelle de patients malades. »* Sa plus grande peur ? Mélanger les tubes de différents patients : *« À chaque fois que je manipule, je vérifie l'étiquette pour ne pas me tromper d'échantillon. »*

Consigné et validé. Kadija consigne chacun de ses actes dans un logiciel de laboratoire. Les techniciens, tournant sur les différentes paillasses et postes d'analyses au cours d'une journée, doivent pouvoir prendre à tout moment le relais dans l'analyse d'un échantillon. Avant d'être transmis à l'équipe médicale et au patient, les résultats sont validés par la biologiste qui encadre les sept techniciens en analyses biomédicales. Au total, 4 semaines de manipulations sont nécessaires pour obtenir les résultats et en tirer un diagnostic sur l'évolution de la maladie.

Quel salaire ?

La grille de salaires des techniciens d'analyses médicales de la fonction publique hospitalière commence à 1514 € brut par mois.
Dans les laboratoires privés, le salaire est souvent plus élevé.

Ça recrute ?

Le regroupement des laboratoires au sein de plateaux techniques réduit le marché de l'emploi. Pour se démarquer, il peut être stratégique de viser une spécialité porteuse (qualité, biologie moléculaire, bio-informatique...) et de décrocher le certificat de capacité pour effectuer des prélèvements sanguins.

Quelle évolution ?

En arrivant au labo, Kadija a découvert des gestes et manipulations très poussés qu'elle n'avait pas étudiés pendant son BTS analyses de biologie médicale : *« J'ai été formée 1 semaine sur chaque paillasse : j'observais mes collègues manipuler, puis j'étais observée pendant que je réalisais les actes. »*

Quelles études ?

Après le bac en 2 ou 3 ans

Pour accéder au métier de technicien de laboratoire d'analyses médicales, il faut obligatoirement décrocher l'un des diplômes figurant sur la liste établie par le ministère de la Santé.

- Le plus spécifique, le diplôme d'État de technicien de laboratoire médical (DETLM), se prépare en 3 ans dans quatre établissements. Cette formation couvre tout le spectre des disciplines utiles au technicien de laboratoire.
- Les autres diplômes ouvrant au métier se préparent en 2 ans : DUT génie biologique option analyses biologiques et biochimiques ; BTS analyses de biologie médicale, bio-analyses et contrôles, biotechnologies ; BTSA Anabiotec.

À noter

Ces diplômés peuvent passer le certificat de capacité pour effectuer des prélèvements sanguins (épreuve théorique, stage pratique, épreuve pratique de prélèvements). Un atout pour exercer dans les labos privés comme à l'hôpital.

Retrouvez les études pp. 74, 80.

CHARGÉE D'HYGIÈNE, SÉCURITÉ ET ENVIRONNEMENT (HSE)

© DR

Virginie Dancel,
coordinatrice santé, sécurité et environnement chez Nestlé à Creully (14)

« Mon objectif : que chacun travaille dans les meilleures conditions possibles. »

Au sein de Nestlé, Virginie exerce dans une usine de 170 salariés qui produit des liquides et des crèmes pour personnes dénutries. *« J'interviens sur l'organisation du travail, l'hygiène, la sécurité, la santé des salariés et sur les risques environnementaux. »*

Protéger le salarié. Un collègue souffre d'un mal de dos ? Des glissades se répètent sur un site de production ? Avec trois animateurs HSE et ses collègues des services maintenance ou technique, Virginie cherche des solutions. *« On aménage les postes de travail pour soulager les opérateurs, on sécurise les zones de danger pour éviter les chutes. Pour que chacun travaille en sécurité et sans développer de maladie professionnelle, on peut faire appel à des ergonomes. »* Les réunions d'équipes entre services font partie de son quotidien : *« Je dois m'appuyer sur la connaissance des autres. »*

Mieux vaut prévenir… Pour réduire les risques d'accident du travail ou de postures mal adaptées, Virginie mise sur la prévention. *« Chacun doit prendre conscience de sa responsabilité. Par exemple, il faut convaincre tout le monde de l'importance du port des lunettes, gants et visières de sécurité. »* Elle rédige consignes et procédures d'urgence, forme les équipes et réalise des audits techniques. Bras droit de la direction du site, elle établit le nouveau programme de prévention des risques. *« Se tenir au courant des nouvelles lois et réglementations s'avère indispensable. »*

Halte à la pollution. Transversal, son métier englobe aussi le contrôle des impacts de l'usine sur l'environnement. *« Je veille à ce que le traitement des eaux usées, la prévention des déchets et les émissions industrielles dans l'atmosphère correspondent bien aux normes environnementales. »* Représentant l'entreprise à l'extérieur, Virginie est amenée à dialoguer avec les riverains, les collectivités et les administrations.

Quel salaire ?

À ses débuts, un responsable HSE est rémunéré entre 2 500 € et 3 700 € brut par mois.

Ça recrute ?

Le développement des normes et de la réglementation en matière de sécurité et d'environnement rend indispensable le recours à ces spécialistes. Régulières, les offres d'emploi se concentrent dans les entreprises disposant de sites de production industrielle (agroalimentaire, énergie, chimie).

Quels débuts ?

En production, on peut démarrer par un poste d'animateur ou de chargé HSE, qui seconde le responsable et assure au quotidien la mise en œuvre de la sécurité, avec une forte présence sur le terrain. Après une dizaine d'années d'expérience au minimum, on peut prétendre à un poste de responsable HSE.

Quelles études ?

Après le bac en 2 ou 3 ans

Pour devenir technicien en hygiène et sécurité, une formation à bac + 2 constitue un minimum : DUT hygiène, sécurité, environnement ; BTS bioanalyses et contrôles pour le secteur des bio-industries… Possibilité de poursuivre 1 an en licence pro (qualité, par exemple).

Après le bac en 5 ans

Pour accéder à un poste de coordonnateur ou de responsable HSE au sein de grandes entreprises, il faut viser un bac + 5.

- À l'université, il existe des masters en qualité, hygiène et sécurité. D'autres spécialisations sont possibles, comme la maîtrise des risques industriels ou le management de la qualité dans le domaine industriel.
- Quelques écoles d'ingénieurs proposent une spécialisation hygiène et sécurité, parfois en lien avec un domaine d'activité (traitement des déchets, biologie…).

Retrouvez les études pp. 74, 80, 86, 88, 92.

CHARGÉE DE PHARMACOVIGILANCE

© DR

Estelle Ruffier,
chargée de pharmacovigilance chez Sanofi à Gentilly (94)

« Je surveille si un médicament est bien toléré. »

Après des études de pharmacie et un master en pharmacovigilance, Estelle entre chez Sanofi en tant que stagiaire. *« Ce laboratoire pharmaceutique m'attirait pour son travail dans des domaines variés, notamment le diabète et l'infectiologie. »* Le premier essai est concluant : la jeune femme poursuit en CDD au sein d'un véritable campus où se côtoient 2 600 salariés.

Au cas par cas. Au service de pharmacovigilance, Estelle surveille les éventuels effets indésirables de 40 médicaments commercialisés par son laboratoire. Les cas d'intolérance lui sont communiqués par les visiteurs médicaux de son entreprise, par les médecins et pharmaciens ou par les usagers eux-mêmes. *« Pour évaluer leur gravité, je documente chaque cas selon des critères précis : le délai entre la prise du médicament et l'apparition des effets, le type de symptômes… »*

Un suivi pointilleux. Les cas relevés sont transmis aux autorités de santé nationale et européenne dans les délais réglementaires. En contact régulier avec ses « alerteurs », Estelle suit l'évolution des effets indésirables et actualise dans une base les données des médicaments dont elle a la charge. *« Avec le service des affaires réglementaires, nous mettons à jour la notice et la fiche d'identité des produits. »* Une réactivité essentielle pour diminuer les risques.

La sécurité du patient. Interactions médicamenteuses, risques d'exposition pendant la grossesse, allergies… la collecte d'informations du chargé de pharmacovigilance est précieuse. *« Elle permet de renseigner au mieux les médecins et pharmaciens sur l'utilisation des médicaments et leur profil de tolérance. »* Dans cette chasse aux effets secondaires et mauvais usages des médicaments, Estelle apprécie tout particulièrement de puiser dans des connaissances *« à cheval entre la pharmacie et la médecine »*.

Quel salaire ?

Un chargé de pharmacovigilance dans l'industrie débute en général avec un salaire de 3000 € brut par mois. Avec l'expérience, la rémunération peut grimper jusqu'à 5300 €.

Ça recrute ?

« Les offres d'emploi ne manquent pas. En revanche, il est rare de se faire embaucher tout de suite en CDI », rapporte Estelle. L'industrie pharmaceutique accueille bon nombre de jeunes diplômés. Les centres régionaux de pharmacovigilance, rattachés aux centres hospitaliers universitaires (CHU), proposent aussi quelques postes.

Quelle évolution ?

Avec une solide expérience, il est possible d'évoluer vers d'autres départements de l'industrie pharmaceutique (affaires réglementaires, assurance qualité...) ou de s'orienter vers d'autres vigilances, comme la cosmétovigilance ou la matériovigilance (dispositifs médicaux).

Quelles études ?

Après le bac en 6 ans au minimum

• Pour exercer comme chargé de pharmacovigilance, il faut suivre, à l'université, des études de pharmacie, et choisir le cycle court en 6 ans, filière industrie.
Le cursus de pharmacie est accessible sur concours très sélectif lors de la 1re année commune aux études de santé (PACES). Les étudiants reçoivent une formation générale en pharmacie avant de se spécialiser en industrie-recherche pour travailler dans l'industrie pharmaceutique. Une formation supplémentaire (en pharmacologie, toxicologie ou épidémiologie) est ensuite nécessaire.

• Autres voies possibles : suivre un cursus de médecine (9 ans au minimum) ou un master de biologie (en 5 ans) à l'université, puis se spécialiser avec, par exemple, un master pharmacovigilance.

Retrouvez les études p. 95.

RESPONSABLE QUALITÉ

© DR

Christine Nguyen,
responsable qualité
chez Labexan
à Cognac (16)

« On ne peut pas se permettre de laisser passer une erreur. »

Depuis 2 ans chez Labexan, petit laboratoire d'analyses microbiologiques et physico-chimiques, Christine contrôle la qualité de cosmétiques, de compléments alimentaires et d'alcools confiés par ses clients avant leur mise sur le marché. *« La rigueur est essentielle, on ne peut pas se permettre de laisser passer une erreur. »*

Vérifier les données. Pour s'assurer qu'une crème solaire contient bien les quantités souhaitées d'actifs, de conservateurs et de filtres, des dosages sont réalisés. C'est le rôle des deux techniciens du laboratoire. Celui de Christine est de superviser les analyses. *« Je relis les données de chaque dossier en veillant à ce qu'il soit complet et ne comporte pas d'erreur. »* La responsable peut s'appuyer sur ses compétences acquises lors de ses études de pharmacie et de son premier emploi comme ingénieure formulation pour une grande marque de cosmétiques.

Retour au client. Quand la revue du dossier est finie, Christine édite un bulletin d'analyses. *« S'il y a un écart, on vérifie d'abord qu'il n'y a pas eu d'erreur chez nous. Puis, si besoin, j'appelle le client pour l'informer : il peut éventuellement s'agir d'un problème de fabrication ou d'une dégradation du produit. »* Quand un client se déplace au labo, Christine doit pouvoir lui fournir toutes les données brutes. *« J'apprécie la diversité de mon métier : il comporte un aspect "paperasse" et un autre davantage en contact avec le client. »*

Procédures au carré. Parce qu'elle est garante de la qualité des dosages, Christine met en place des instructions et procédures strictes. *« Tous les documents et éléments utilisés doivent ainsi être notés sur une feuille de travail. »* Rien n'est laissé au hasard : les équipements de protection individuels, le traitement des échantillons, le nettoyage des locaux... Des précautions à adopter par toute l'équipe, il en va de la réputation de l'entreprise.

Quel salaire ?

Un responsable qualité gagne de 2300 € à 2500 € brut par mois.

Ça recrute ?

De plus en plus exigée, la démarche qualité concerne de nombreux secteurs. Les industries agroalimentaires et de la santé constituent les principaux employeurs. Cependant, les offres sont moins fréquentes pour des postes de responsable que de technicien.

Quels débuts ?

À la différence de Christine, qui a rejoint la qualité comme responsable, on peut commencer comme technicien et réaliser des analyses. Puis, avec de l'expérience, prendre en charge l'élaboration, le suivi et le contrôle des études et analyses scientifiques en faisant appliquer les normes d'hygiène et de sécurité.

Quelles études ?

Après le bac en 2 ou 3 ans

Plusieurs diplômes à bac + 2 peuvent servir de porte d'entrée à un niveau technicien : le BTS qualité dans les industries alimentaires et les bio-industries (QIABI) ; le DUT génie biologique option industries alimentaires et biologiques...

Complétés en 1 an par une licence pro orientée qualité, ils permettront une évolution de carrière plus rapide.

Après le bac en 5 ans

Les grands groupes recrutent souvent à bac + 5, avec de préférence une spécialisation en qualité.

• Certaines écoles d'ingénieurs spécialisées en agroalimentaire ou génie biologique proposent, en fin de cursus, une option génie industriel et qualité.

• À l'université, on peut suivre un master en management de la qualité, après une licence (sciences de la vie ou chimie, notamment).

Retrouvez les études pp. 74, 80, 86, 88, 92.

CHEF DE PRODUIT

© DR

Hugues d'Andrimont,
chef de produit junior chez Filorga à Paris

« Nous sommes le premier maillon de la chaîne dans le lancement d'un produit. »

Créatif et féru de sciences, Hugues rêvait d'intégrer le monde des cosmétiques. Il épingle à son CV un master en biochimie, puis un autre en marketing international parfumerie et cosmétique. Une double compétence qu'il utilise aujourd'hui pour les laboratoires Filorga, spécialisés dans les produits dermo-cosmétiques.

En quête d'innovation. *« Il faut toujours avoir une idée d'avance : surveiller la concurrence, guetter les derniers actifs, sentir les nouvelles tendances »*, note Hugues. Chaque année, la PME qui l'emploie lance 6 à 10 nouveaux soins. Des innovations nées au service marketing-développement. *« Nous sommes le premier maillon du lancement d'un produit. À l'aide d'études de marché, on définit son identité, la cible... »*

Présent à chaque étape. Hugues transmet ses critères à un formulateur externe qui lui fournit une crème adéquate. *« On teste sa texture, son odeur, sa stabilité. Des analyses chimiques sont commandées pour vérifier son efficacité. »* Puis vient le marketing. Le chef de produit choisit le contenant, les accessoires, les visuels publicitaires. *« Je peux me déplacer dans l'usine d'un fournisseur pour contrôler les finitions d'un* packaging*: étui, coffret, flacon, tube... »* Dernière étape : informer les consommateurs. *« Je rédige la notice et les indications du produit qui sont relues par le service réglementaire : on doit justifier tout ce que l'on dit. »* Son bagage scientifique lui est alors très utile.

Tenir les délais. Entre le lancement du produit et la mise en rayons, il faut compter 1 an au minimum. À Hugues de faire le lien avec le marketing, la communication, les affaires réglementaires et les sous-traitants, en gardant toujours un œil sur le planning. *« Comme un chef d'orchestre, il faut savoir anticiper, communiquer et s'organiser. »* Au final : un peu de stress, mais la satisfaction de voir un jour son produit en magasin.

Quel salaire ?

Un jeune chef de produit est rémunéré entre 2 250 € et 2 900 € brut par mois. *« Les salaires varient selon la taille de l'entreprise : en PME, on gagne souvent moins que dans un grand groupe »*, précise Hugues.

Ça recrute ?

Les entreprises pharmaceutiques, cosmétiques et agroalimentaires recrutent des chefs de produit selon leur rythme d'innovation. Les profils à double compétence - scientifique et marketing - sont particulièrement appréciés.

Quels débuts ?

En cosmétique, *« les formations en alternance ont la cote auprès des recruteurs et la majorité des embauches se fait après un stage ou un cursus en apprentissage. Mais la case CDD est fréquente, avant une opportunité en CDI »*, avertit Hugues.

Quelles études ?

Après le bac en 5 ans

Pour être chef de produit, un niveau bac+5 est requis. Dans le cadre de produits techniques, les profils scientifiques formés au marketing sont souvent préférés aux commerciaux purs (école de commerce, master marketing). Plusieurs voies sont envisageables.

- On peut décrocher un diplôme d'ingénieur ou un master à l'université orienté vers le secteur d'application visé (génie biologique, chimie et santé, bio-actifs et cosmétiques...). À compléter, de préférence, par une formation en marketing (il existe, par exemple, des masters en biologie et gestion).
- Certaines écoles spécialisées (Espas, SupBiotech...) proposent des formations associant le commerce et les sciences.
- Sur le créneau de la santé, un cursus en médecine ou pharmacie est apprécié. Dans ce cas, prévoir 6 à 11 ans d'études.

À noter

Clients à l'international, missions de traduction d'articles scientifiques... un bon niveau d'anglais est attendu.

Retrouvez les études pp. 88, 92, 95, 96.

TECHNICO-COMMERCIALE

© DR

Marie Rasso,
ingénieure technico-commerciale chez Merck Millipore à Saint-Quentin-en-Yvelines (78)

« Le profil scientifique prime : j'aurais pu être l'un de mes clients ! »

Marie est ingénieure technico-commerciale au service biosciences de la société Merck Millipore. Dans son catalogue, des produits chimiques et des matériels de laboratoire qu'elle essaie de placer auprès de laboratoires de biologie, de groupes pharmaceutiques et d'instituts de recherche.

Une solide expertise. *« Quand je suis en rendez-vous, le client commence par m'expliquer le matériel et les techniques qu'il utilise. Puis je lui présente des produits qui pourraient lui convenir. »* Avoir des arguments de vente pour des réactifs ou des équipements pour la culture cellulaire nécessite des connaissances pointues. *« Le profil scientifique prime : j'aurais pu être l'un de mes clients »*, observe la jeune femme, diplômée d'une école d'ingénieurs en biotechnologies. *« J'ai été formée aux techniques de vente à mes débuts professionnels. »*

Mobilité et autonomie. Marie consacre 2 jours par semaine à caler des rendez-vous clientèle, à candidater à des appels d'offres, à établir des devis et à assurer le conseil technique auprès des acheteurs. Le reste du temps, elle assure quatre à cinq rendez-vous par jour sur son secteur géographique. *« Un bon niveau d'anglais est nécessaire car nos clients sont de toutes nationalités. »* Ses journées de terrain sont aussi dédiées à la prospection de nouveaux clients, à la démonstration de matériel dans les salons professionnels... *« Je me rends rarement à mon entreprise où je n'ai pas de bureau. Je dois être bien organisée et me fixer des objectifs. »*

Regard sur les évolutions. Au quotidien, Marie échange avec des techniciens, des responsables de site, des chercheurs travaillant dans le public ou le privé... *« J'aime rencontrer chaque jour de nouvelles personnes, tout en gardant un pied dans la biologie. Je suis au courant, par exemple, des projets de recherche sur des maladies comme le cancer ou Alzheimer. »*

Quel salaire ?

Le salaire varie selon l'expérience, l'expertise technique et le secteur d'activité. Pour un jeune diplômé, il se situe entre 2 000 € et 3 000 € brut par mois. S'y ajoutent des primes (jusqu'à un quart du salaire annuel).

Ça recrute ?

« Je suis contactée régulièrement pour des propositions d'emploi », rapporte Marie, qui affiche 7 ans d'expérience au compteur. Les offres de poste d'ingénieur technico-commercial dans les industries de la santé, de l'agro-alimentaire et des cosmétiques sont fréquentes. Dominante technique oblige, la concurrence sera moins rude que pour les profils purement commerciaux.

Quelle évolution ?

Au fil du temps, un ingénieur commercial prend en charge un plus grand nombre de produits ou se voit confier un secteur géographique élargi. Il encadre alors une équipe de technico-commerciaux.

Quelles études ?

Après le bac en 3 ans

On peut entrer dans le métier avec un BTS ou un DUT dans une spécialité technique (génie biologique, biotechnologies...), complété en 1 an par une licence pro (technico-commercial, métiers de la promotion des produits de santé) ou avec un titre à bac + 3 d'une école spécialisée, associant sciences et commerce.

Après le bac en 5 ans

Pour des produits ou services plus techniques, des portefeuilles d'affaires ou des secteurs géographiques plus importants, un niveau bac + 5 est exigé.

Plusieurs voies possibles :

- certaines écoles d'ingénieurs proposent des cursus associant expertise technique et compétence en négociation commerciale, particulièrement appréciés ;
- un master à l'université dans un domaine scientifique (biologie, biosanté, biochimie, biomatériaux, biotechnologies...), avec une éventuelle formation complémentaire en marketing ;
- le titre à bac + 5 d'une école spécialisée (Espas, SupBiotech), apportant une double compétence.

Retrouvez les études pp. 74, 80, 86, 88, 92, 96.

PROFESSEURE DE SVT

© DR

Alexandra Prunier,
professeure de SVT
dans un collège
de Seine-Saint-Denis (93)

« La 1re année d'un prof est aussi dense qu'une année de prépa pour un élève. »

« Je n'ai jamais aimé l'école et je ne m'imaginais pas devenir prof. » À 24 ans, Alexandra vient pourtant d'effectuer sa première rentrée dans un collège pour enseigner les sciences de la vie et de la Terre (SVT). *« Lors d'un stage de licence en lycée, j'ai finalement découvert combien j'aimais être de l'autre côté du bureau. »*

En classe. Avec une collègue, Alexandra se partage les 500 collégiens de l'établissement, soit des classes de 26 élèves, de la 6e à la 3e. Ses cours comportent beaucoup de théorie, de l'appareil digestif à la reproduction des plantes, et un peu de pratique, notamment en 5e. *« Les élèves réalisent de petites expériences, comme disséquer des branchies de poissons. J'essaie aussi d'organiser des sorties dans les bois alentour pour effectuer des observations. »* La professeure consacre également du temps à la discipline face à des jeunes qui testent ses limites en début d'année. *« Mais, une fois les règles posées, les élèves comprennent et se révèlent vraiment attachants. »*

Hors les murs. Entre deux séances, Alexandra prépare et nettoie le matériel des paillasses. Ses soirées, week-ends et vacances sont consacrés à la correction des copies et à la préparation des cours suivants. Elle sait qu'elle peut aussi compter sur la solidarité de ses collègues. *« Nous échangeons beaucoup sur les pratiques et les difficultés rencontrées en classe. Un collègue a ainsi proposé de venir assister à l'un de mes cours pour m'expliquer par exemple pourquoi, à tel moment, j'ai pu perdre l'attention des élèves. »*

Projet de club. *« La 1re année équivaut à une année de classe prépa, en termes de charge de travail et de fatigue. »* Un emploi du temps serré qui ne l'empêche pas de s'investir dans la création d'un club. *« Je souhaite installer une ruche et des abeilles au sein de l'établissement pour sensibiliser les collégiens à leur environnement. C'est une autre façon de leur enseigner la biologie. »*

Quel salaire ?

Pendant son année d'alternance, le professeur stagiaire perçoit entre 1600 € et 1740 € brut par mois. L'enveloppe grimpe à 2000 € l'année de la titularisation. S'y ajoute une prime d'installation, variable selon le lieu d'affectation.

Ça recrute ?

Oui mais dans la limite du nombre de postes offerts aux concours de recrutement : pour 2016, 420 pour le CAPES externe de SVT, 103 pour l'agrégation... Sachant que les candidats peuvent être nombreux : jusqu'à 1400 présents pour le CAPES, par exemple.

Quels débuts ?

En fonction de leur rang au concours et de leurs vœux, les candidats titularisés sont affectés dans l'établissement d'une académie.
Comme l'envisage Alexandra, un professeur peut, au cours de sa carrière, demander à être détaché, par exemple dans un muséum d'histoire naturelle pour y monter des projets.

Quelles études ?

Après le bac en 5 ans

Pour devenir professeur de sciences de la vie et de la Terre (SVT) dans un collège ou un lycée, il faut d'abord obtenir une licence du même domaine pour pouvoir ensuite être admis en master métiers de l'enseignement, de l'éducation et de la formation (MEEF) mention 2d degré, avec un parcours en SVT.

Les concours de recrutement sont organisés en fin de 1re année du master MEEF. Après réussite au concours, les professeurs stagiaires effectuent leur 2de année en alternance dans un collège ou un lycée, en charge de classes n'ayant pas d'examens en fin d'année. Leur titularisation est conditionnée à la réussite du M2.

Retrouvez les études p. 88.

MÉDIATRICE SCIENTIFIQUE

© DR

Eugénie Salanova,
médiatrice scientifique
à l'EID-Méditerranée*
à Montpellier (34)

« Une traductrice à mi-chemin entre l'expert et le profane. »

Eugénie est en guerre. Son ennemi ? Le moustique tigre qui pullule sur le littoral. Médiatrice scientifique à l'EID-Méditerranée* à Montpellier, elle contribue à sensibiliser le public à la lutte contre cet insecte, vecteur possible de maladies.

Un rôle de coordination. Eugénie chapeaute des jeunes volontaires de service civique, chargés d'informer la population sur les bons gestes à adopter. *« J'ai d'abord participé à leur recrutement en rédigeant les annonces et les contrats, et en mettant en place des formations aux premiers secours notamment. »* Une fois l'équipe constituée, sa mission est de faire le lien entre la direction et ces volontaires répartis sur les quatre agences du territoire. *« J'effectue un point toutes les semaines avec eux pour savoir s'ils ont trouvé des moustiques afin d'alimenter une base de données, et pour régler des problèmes ou améliorer les pratiques. »*

Sur le terrain. Également tutrice de deux d'entre eux, Eugénie les accompagne chez les particuliers pour les initier aux techniques de communication afin qu'ils deviennent autonomes. *« On établit un diagnostic sur la présence du moustique tigre en faisant le tour des jardins pour voir s'il y a des larves. Puis on explique aux gens comment les éviter, par exemple en vidant régulièrement les coupelles de pots de fleurs et en fermant hermétiquement leur récupérateur d'eau pour que les insectes ne s'y reproduisent pas. »*

Le bon niveau d'info. Eugénie voit le médiateur scientifique comme un *« traducteur entre un expert et un profane »*, qui doit faire preuve de diplomatie et de mesure, par exemple pour expliquer les dangers du moustique sans susciter de panique. *« La personne en face n'a pas forcément le même niveau de connaissances, ni le même langage. Le message peut alors être un peu difficile à faire passer. Mais c'est ce défi qui est motivant. »*

* Entente interdépartementale pour la démoustication du littoral méditerranéen.

Quel salaire ?

Le salaire du débutant est souvent proche du Smic (*lire p. 140*), dans le public comme dans le privé, notamment associatif. Actuellement, Eugénie perçoit 1300 € net.

Ça recrute ?

Les contrats courts, notamment saisonniers, sont le plus souvent la norme. Beaucoup plus rares sont les CDI. Et, pour trouver du travail, mieux vaut être mobile. La fonction publique recrute, sur concours, des chargés de médiation scientifique et assistants de médiation scientifique.

Quelle évolution ?

Les médiateurs scientifiques peuvent d'abord exercer des missions d'animation avant d'accéder à de la formation. C'est le cas d'Eugénie qui a commencé par des postes avec davantage de vulgarisation, en aquarium et dans une association de gestion des risques environnementaux.

Quelles études ?

Après le bac en 3 ou 5 ans

Le métier exigeant des connaissances scientifiques solides, une formation à bac + 3 (licence) ou bac + 5 (master, diplôme d'ingénieur) est requise, en sciences de la vie ou géosciences par exemple.

Pour acquérir des compétences en médiation, il faut compléter ce cursus par une licence pro ou un master (en médiation scientifique, éducation à l'environnement, communication scientifique...).

À noter

Des formations comme le brevet d'aptitude aux fonctions d'animateur (BAFA) ou le brevet professionnel de la jeunesse, de l'éducation populaire et du sport (BPJEPS) spécialité loisirs tous publics peuvent s'avérer utiles pour apprendre à encadrer des groupes.

Retrouvez les études pp. 88, 92.

LES CONDITIONS DE TRAVAIL

Blouse blanche, paillasse et pipette : bienvenue dans le monde de la biologie ! Au-delà de cette image traditionnelle, zoom avant sur ce qui fait le quotidien de ces spécialistes.

Travail d'équipe
Avancer ensemble

« Le chercheur reste enfermé dans son labo pour chercher », « le bio-informaticien passe ses journées les yeux rivés à son écran »... oubliez ces clichés ! Le travail en équipe est primordial pour mener à bien des projets communs au sein d'entreprises ou de laboratoires publics. Technicien, ingénieur et chercheur constituent, chacun, un maillon de la chaîne de développement d'un nouveau produit, avec des points d'étape réguliers, où chacun donne son avis. L'attaché de recherche clinique (ARC), qui suit le bon déroulement des tests sur les nouveaux médicaments, rend des comptes à un chef de projet. Le technicien de production demande son avis au chercheur lorsque des cellules ne se développent pas assez vite. Pas question, donc, de rester dans sa tour d'ivoire...

À de rares exceptions près, ces métiers sont sédentaires.

Hygiène et sécurité
Un réflexe

« Oublier de mettre ses gants ou encore de stériliser le matériel peut faire pousser plein de bactéries autres que celles que l'on voulait développer au départ », prévient Thierry Picaud, directeur adjoint de SupBiotech. Pour éviter ces erreurs, les travailleurs à la paillasse veillent en permanence à respecter les mesures d'hygiène et de sécurité propres à leur laboratoire. Avant même de passer la porte, ils revêtent blouse, lunettes, charlotte, masque... Ils évoluent ensuite dans un environnement stérile, sous hotte ou en salle blanche, afin de contrer tout risque de contamination pour eux-mêmes ou pour l'échantillon qu'ils manipulent. Des bonnes pratiques qui assurent la sécurité de ces pros et la fiabilité des résultats. Même rigueur sur les lignes de production de médicaments, d'aliments...

© CYRIL LAURET/ONISEP

À la paillasse
Et aussi au bureau

Techniciens de recherche, d'analyses ou de formulation ; ingénieurs développement… tous passent l'essentiel de leur journée entourés de tubes à essais, d'appareils de mesure et d'automates. Mais cette partie pratique est le plus souvent couplée à un temps de travail derrière l'ordinateur, que ce soit pour archiver dans un cahier de laboratoire toutes les étapes de leurs expériences ou décortiquer les données : *« Pour une semaine de manipulations, j'ai besoin d'une semaine à mon bureau pour analyser les résultats et en tirer des conclusions »*, explique Maëva, technicienne de laboratoire chez Sederma. À prévoir aussi : la rédaction de comptes rendus, la lecture d'articles scientifiques, la gestion des plannings de production ou la commande de matériel pour le labo.

Disponibilité
Savoir s'adapter

« L'usine tourne 6 jours sur 7, en 3x8. L'activité nécessite parfois une prise de décision rapide », explique Virginie, coordinatrice santé, sécurité et environnement chez Nestlé. Il lui faut ainsi assumer des astreintes afin de réagir au plus vite, en cas de contamination par exemple. Même réactivité attendue au marketing. *« Il y a parfois des* rush *pour respecter le calendrier de lancement d'un nouveau produit. Il faut être flexible sur les horaires »*, estime Hugues, chef de produit à Filorga. Certains profils doivent, par ailleurs, se plier à des délais réglementaires : c'est le cas du chargé de pharmacovigilance, qui doit alerter les autorités compétentes en cas d'intolérance à un médicament.

Responsabilités
Penser aux conséquences

Parce que leur activité a un impact sur la santé des patients et des consommateurs, les pros de la biologie mesurent chaque jour le poids de leurs responsabilités. Exemple avec Laure Bourguignat, biologiste à l'Établissement français du sang : *« En cas d'urgence vitale, on n'a pas le temps de faire d'analyses de sang avant de réaliser une transfusion. Dans ce cas, il y a une prise de risque. »* La pression est également forte lorsqu'il s'agit de garantir la qualité d'un aliment. Heureusement, le travail en équipe, des procédures strictes et les contrôles qualité sont là pour garantir le maximum de précautions… et de sang-froid.

DICO DES MÉTIERS

CONCEVOIR

ATTACHÉ/E DE RECHERCHE CLINIQUE

★☆

Avant sa mise sur le marché, un médicament est testé sur des patients pour évaluer ses effets. L'attaché de recherche clinique (ARC) s'occupe du suivi administratif et scientifique de ces essais pour le compte d'un hôpital, d'une industrie du médicament ou d'une société de recherche clinique. Ses missions : sélectionner les médecins participant aux tests, définir le protocole (médicament à avaler ou à injecter, par exemple), gérer le matériel fourni... Nombreux déplacements à prévoir.

Formation

Diplôme inter-universitaire de formation des assistants de recherche clinique (bac + 4 ans) ; master en biologie, bio-informatique ou santé publique ; diplôme de docteur en pharmacie ou en médecine.

BIO-INFORMATICIEN/NE

★☆

Comment exploiter les milliards de données produites par les expériences des chercheurs ? Réponse : les confier à un bio-informaticien, qui sera capable d'en tirer un maximum d'informations. Sa double compétence en sciences de la vie et en informatique lui permet de décrypter les besoins des biologistes avec lesquels il collabore et de les traduire sur un plan informatique. Il peut, par exemple, créer un nouveau programme pour comparer les génomes de bactéries.

Formation

Master, diplôme d'ingénieur ou d'école spécialisée en bio-informatique.

CHERCHEUR/EUSE EN BIOLOGIE

★☆

Ce scientifique de pointe peut étudier l'animal, le végétal ou l'humain. Ses recherches visent le développement des savoirs ou des applications concrètes dans la santé humaine ou l'industrie agroalimentaire, par exemple. Son quotidien : des expérimentations (culture de cellules, observation au microscope...), l'analyse des résultats et l'émission de nouvelles hypothèses, sans oublier la diffusion de ses travaux dans des publications ou lors de colloques scientifiques. Ses collaborateurs : des doctorants, des ingénieurs et des techniciens.

Formation

Doctorat en sciences de la vie, biochimie ou biotechnologies.

GESTIONNAIRE DE DONNÉES CLINIQUES

★☆

À l'instar de l'attaché de recherche clinique avec lequel il collabore, son métier est lié à la réalisation d'études cliniques sur un médicament, une méthode de diagnostic ou encore du matériel médical. Son intervention est cependant plus spécifique et bien moins mobile : ce spécialiste de l'informatique gère les bases de données qui servent à recevoir les informations récoltées. Il contrôle leur cohérence, leur qualité et la rigueur dans le suivi des protocoles. Charge ensuite à un biostatisticien ou à un clinicien d'analyser les résultats.

Formation

Master en ingénierie de la santé ou des technologies biomédicales, informatique ou statistique appliquée à la biologie et à la santé.

HYDROBIOLOGISTE

★☆

Son credo : améliorer la qualité des eaux. Pour y parvenir, l'hydrobiologiste établit un diagnostic de l'état biologique des milieux aquatiques (lacs, ruisseaux, rivières...) afin d'y recenser les éventuelles pollutions, contaminations ou nuisances susceptibles d'affecter la faune et la flore. Multitâche, il effectue des prélèvements sur le terrain, analyse les échantillons dans un laboratoire et exploite les résultats sur ordinateur. Une fois le problème repéré, il s'agit de proposer des solutions : modifier des pratiques agricoles, limiter la pêche d'un poisson, aménager une station d'épuration...

Formation

Doctorat en hydrobiologie.

INGÉNIEUR/E BREVET

★★

Protéger la recette de fabrication d'un médicament ou son utilisation... c'est la mission de l'ingénieur brevet, en général spécialisé dans un domaine (biologie, nouvelles technologies...). L'obtention d'un brevet officialise l'invention et en garantit l'exclusivité à son découvreur. Dans un cabinet de propriété industrielle, ce pro intervient au moment où un client a besoin de lui, par exemple pour rédiger une demande de brevet ou pour du conseil. En revanche, dans une entreprise, il suit l'innovation de A à Z et connaît ses développements.

Formation

Diplôme d'ingénieur, master ou doctorat en sciences de la vie, chimie, biochimie, complété par le diplôme du Centre d'études internationales de la propriété intellectuelle (Ceipi).

★☆ *Accessible directement après ses études*

★★ *Accessible avec de l'expérience*

INGÉNIEUR/E RECHERCHE ET DÉVELOPPEMENT (R & D)

★☆

Améliorer les qualités nutritives d'un yaourt, perfectionner le procédé de fabrication de cosmétiques à base de végétaux ou concevoir un outil de diagnostic médical moins onéreux… l'ingénieur recherche et développement (R & D) est au cœur des innovations. Outre ses compétences scientifiques et techniques, il doit savoir gérer un projet, une équipe, un budget et travailler en collaboration avec différents services : laboratoire, production, marketing…

Formation

Master, diplôme d'ingénieur ou d'école spécialisée, doctorat en biologie appliquée, biotechnologies, biochimie, biologie des aliments…

TECHNICIEN/NE DE RECHERCHE

★☆

En blouse blanche, au milieu des flacons, éprouvettes et pipettes, ce technicien participe au développement de procédés ou de produits dans un laboratoire de recherche. Encadré par un ingénieur de recherche, il réalise des expériences en suivant un protocole précis, par exemple pour observer l'action de bactéries sur des cellules. Les manipulations de produits chimiques, parfois dangereux, d'organismes biologiques vivants et de matériels constituent son quotidien. On peut aussi le solliciter pour contrôler la fiabilité des procédures, rédiger les rapports et analyser les résultats.

Formation

BTS bio-analyses et contrôles, BTS biotechnologies ; DUT génie biologique ; licence pro en biologie ou biochimie.

PRODUIRE

BIOLOGISTE MÉDICAL/E

★★

Ce professionnel de santé supervise les analyses sur des prélèvements biologiques, qu'il s'agisse de sang, d'urine ou de cellules. Sa signature au bas du compte-rendu engage sa responsabilité. C'est pourquoi sa priorité est de faire respecter aux techniciens de laboratoire qu'il encadre les consignes établies, en s'assurant par exemple que les appareils sont correctement utilisés. Après y avoir ajouté son interprétation, le résultat est envoyé au médecin pour l'aider à établir son diagnostic ou suivre les effets du traitement du patient.

Formation

Diplôme de docteur en pharmacie ou en médecine spécialité biologie médicale.

CHEF/FE DE PROJET EN BIOTECHNOLOGIES

★★

À lui d'organiser l'avancement des différentes étapes menant à la création d'un produit : biocarburant, procédé biotechnologique, cosmétique végétal… Ses connaissances scientifiques font du chef de projet un référent pour l'exploration de nouvelles pistes et le choix de la stratégie de fabrication la plus adaptée. Après la rédaction du cahier des charges, qui estime les coûts et les délais, ce chef d'orchestre donne aux différents métiers leurs partitions à jouer depuis la conception jusqu'à la commercialisation du projet. De l'organisation, sinon rien !

Formation

Master, diplôme d'ingénieur ou d'école spécialisée, doctorat en biologie, biotechnologies ou gestion de projet.

FORMULATEUR/TRICE

★☆

Shampoing 2 en 1, boisson à base d'algues... ce spécialiste des formules définit la composition d'un produit, en tenant compte d'un cahier des charges établi à partir des attentes des consommateurs. Sa créativité le guide dans le choix des ingrédients qui donneront ses propriétés au produit. À la paillasse, il teste différents mélanges et évalue à chaque fois texture, odeur, couleur, coût... Dernière étape: s'assurer de la faisabilité industrielle du mélange et de sa compatibilité avec le flacon.

Formation

BTS ou DUT en chimie, BTS bio-analyses et contrôles; licence pro en formulation; master ou diplôme d'ingénieur en chimie ou biotechnologies; école spécialisée.

INGÉNIEUR/E PROCÉDÉS

★☆

Pour fabriquer par exemple un biomédicament, il faut monter à l'usine un outil de production qui réalise des processus biologiques à grande échelle: culture de cellules, fermentation par des bioréacteurs, extraction de molécules... Grâce à des logiciels de simulation, l'ingénieur procédés conçoit l'ensemble des installations, puis forme l'équipe de production à leur utilisation. Sa préoccupation constante: améliorer la fabrication pour la rendre plus rentable, plus écologique et respectueuse des normes de qualité et de sécurité.

Formation

Master ou diplôme d'ingénieur, généraliste ou spécialisé en génie industriel, génie des procédés, génie biologique, agroalimentaire, chimie.

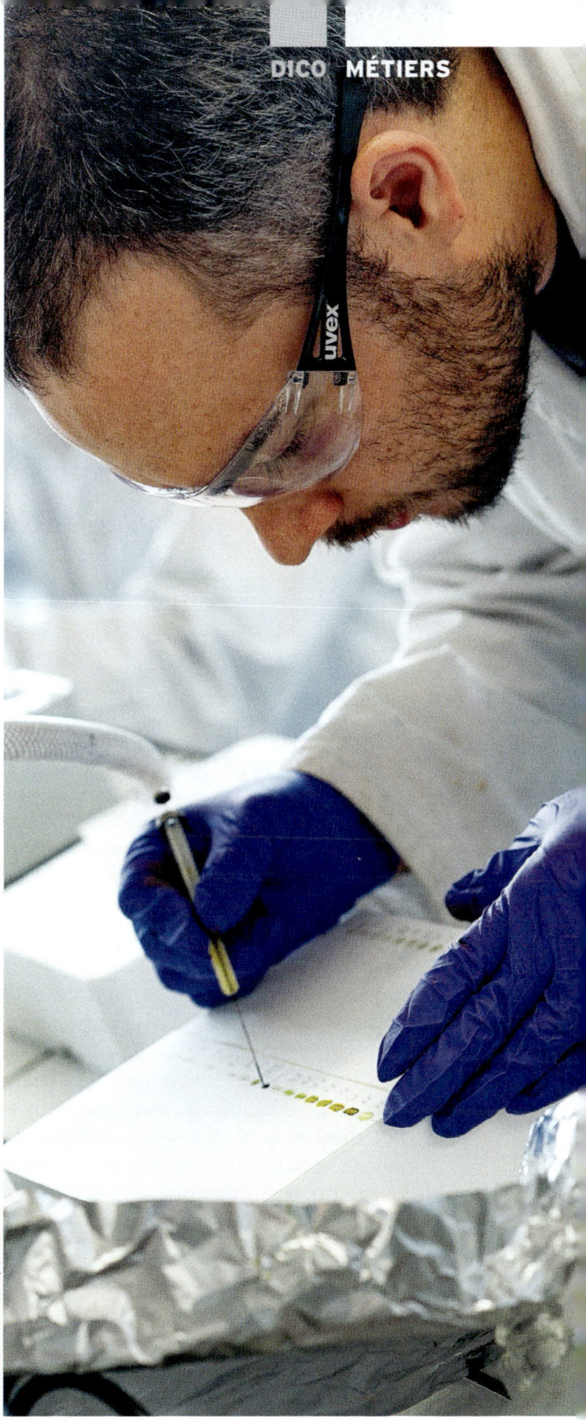

★☆ *Accessible directement après ses études*
★★ *Accessible avec de l'expérience*

INGÉNIEUR/E PRODUCTION

★☆

Dans une usine, il dirige la fabrication à grande échelle de produits agroalimentaires, de cosmétiques ou de médicaments. Ce qui signifie, entre autres, s'assurer que chaque membre de l'équipe remplit bien son rôle aux différentes étapes pour que le planning de production soit respecté. Un grain de sable dans les rouages ? Sa réactivité lui permet d'établir en urgence un plan d'action pour y remédier. Sa principale préoccupation : produire plus et mieux, en maintenant les exigences d'hygiène et de sécurité.

Formation

Master ou diplôme d'ingénieur en génie industriel, production, ou en lien avec l'industrie visée (agroalimentaire, chimie...) ; école spécialisée.

TECHNICIEN/NE PRODUCTION

★☆

En tant qu'assistant de l'ingénieur production, il pilote les opérations de fabrication de médicaments ou de principes actifs. Ses priorités ? Respecter le planning de production et les procédures d'hygiène et de sécurité. Au quotidien, il règle et conduit les équipements industriels de bioproduction : fermenteurs, bioréacteurs, centrifugeuses... À lui aussi de réaliser des prélèvements pour contrôler la qualité des produits, et de saisir les données nécessaires à leur traçabilité.

Formation

BTS, DUT ou licence pro en génie industriel, génie des procédés, ou dans le secteur visé (agroalimentaire, cosmétique, chimie, pharmacie...).

TECHNICIEN/NE EN ANALYSES BIOMÉDICALES

★☆

Prélèvements de sang, d'urine ou de tissus constituent le terrain d'enquête du technicien en analyses biomédicales. Ce qu'il cherche dans ces prélèvements, ce sont des anomalies (bactéries, excès de cholestérol...) pour confirmer un diagnostic de maladie. Pour mener à bien ses tests, il prépare des réactifs, mesure, pèse et manipule les échantillons à l'aide de tubes à essais ou d'appareils de mesure sophistiqués. Les résultats d'analyses sont consignés, puis transmis au biologiste qui les interprète.

Formation

Diplôme d'État de technicien de laboratoire médical (DETLM) ; DUT génie biologique option analyses biologiques et biochimiques ; BTS analyses de biologie médicale ou autres BTS en biologie.

CONTRÔLER

CHARGÉ/E D'AFFAIRES RÉGLEMENTAIRES

★☆

Avant d'être mis en circulation, un médicament doit recevoir une autorisation de mise sur le marché (AMM). Pour l'obtenir, le chargé d'affaires réglementaires en industrie pharmaceutique prépare, dépose et suit le dossier auprès des autorités compétentes. Après la commercialisation, il s'emploie à la conserver en veillant à l'évolution de la législation nationale et internationale. Son contrôle s'exerce aussi sur tous les supports de communication ou de publicité diffusés par son labo.

Formation

Diplôme de docteur en pharmacie option industrie ou en médecine; master en sciences et/ou en droit (affaires réglementaires).

CHARGÉ/E D'HYGIÈNE, SÉCURITÉ ET ENVIRONNEMENT (HSE)

★☆

Zéro risque professionnel. C'est l'objectif du chargé HSE, qui doit garantir la sécurité et la santé des personnels dans son entreprise. Après avoir établi un diagnostic, il propose des solutions en termes de méthodes de travail, d'équipements et de protections... Ses autres tâches consistent à s'assurer de la fiabilité des installations, à rédiger consignes et procédures, à animer des plans de prévention et à veiller au respect des normes environnementales. Il lui faut se tenir en permanence au courant des dernières normes en vigueur.

Formation

BTS bio-analyses et contrôles; DUT hygiène, sécurité, environnement; licence pro en qualité; master ou diplôme d'ingénieur pour les postes d'encadrement.

CHARGÉ/E DE PHARMACOVIGILANCE

★☆

Son objectif: traquer les effets indésirables des médicaments dont il a la charge. Nausées, maux de tête, perte de cheveux... le chargé de pharmacovigilance recueille et documente les cas d'intolérance des usagers. Des informations qu'il entre dans une base de données. Dans des délais imposés, il signale ces cas aux autorités de santé. Pour diminuer les risques auprès des patients, il met à jour les notices et fiches d'identité des produits, et conseille médecins et pharmaciens.

Formation

Diplôme de docteur en pharmacie option industrie ou en médecine, ou master en sciences du vivant, complété par une formation en pharmacologie.

CONTRÔLEUR/EUSE QUALITÉ

★☆

Sa mission débute à l'arrivée des matières premières sur le site de production (huiles pour le parfum, lait pour les yaourts...) et se poursuit jusqu'au produit final. Suivant le cahier des charges et les normes réglementaires, il lance des analyses: prélèvement d'échantillons, contrôle des mesures, analyses bactériologiques... À lui aussi de vérifier les étiquettes, la mise en œuvre de la traçabilité et de la gestion des stocks. Pour finir, il rédige une fiche de contrôle qu'il transmet au responsable qualité.

Formation

Bac pro bio-industries de transformation; BTS bio-analyses et contrôles, BTS QIABI; BTSA Anabiotec; DUT génie biologique option industries agroalimentaires et bio-industries; licence pro.

★☆ *Accessible directement après ses études*
★★ *Accessible avec de l'expérience*

© CHOJA / ISTOCK.COM

RESPONSABLE DE LABORATOIRE DE CONTRÔLE

★★

Dernière étape pour un médicament ou un produit cosmétique avant sa mise sur le marché : le laboratoire de contrôle. Sous la direction du responsable, des tests y sont réalisés pour vérifier sa qualité et sa conformité. Les analyses portent sur les matières premières à leur arrivée sur le site, sur le produit en cours de fabrication et sur le produit fini. Le responsable a le pouvoir d'arrêter la production si le produit ne répond pas aux normes officielles ou s'il existe des interactions entre les composants.

Formation

Master ou diplôme d'ingénieur en chimie, biologie ou pharmacie industrielle ; diplôme de docteur en pharmacie.

RESPONSABLE QUALITÉ

★★

Son obsession ? Le sans-faute. Dans les industries agroalimentaire, cosmétique et pharmaceutique, le responsable qualité traque le moindre défaut des produits. Qualité des matières premières, composition et conservation... chaque étape de la production est inspectée. Sa responsabilité est grande : toute anomalie dans un aliment ou un comprimé peut avoir des conséquences graves pour la santé des consommateurs. Pour garantir le risque zéro, il établit et contrôle les bonnes pratiques de fabrication.

Formation

Licence pro en qualité ; master ou diplôme d'ingénieur en qualité ou dans le secteur visé (agroalimentaire, chimie...).

TECHNICIEN/NE DE LABORATOIRE BACTÉRIOLOGIQUE

★☆

Opérant pour l'essentiel en industrie laitière, il passe à la loupe tous les produits transformés (beurre, yaourts, fromages, desserts...), à la recherche du moindre signe de contamination. Pour s'assurer que ces aliments ne contiennent aucun micro-organisme nuisible à la qualité du produit et à la santé du consommateur, il prélève des échantillons, les ensemence et les fait incuber à haute température pour développer les bactéries. Son expertise lui permet de distinguer les bactéries dites « utiles » de celles qui sont dangereuses.

Formation

BTS, BTSA ou DUT en biologie ou biotechnologies; licence pro.

TOXICOLOGUE

★☆

OGM, sulfates, parabènes... le toxicologue traque la présence de substances nocives pour la santé dans les produits industriels (chimiques, pharmaceutiques...) et évalue leur impact sur l'environnement. Pour cela, il effectue des analyses et tests en laboratoire, procède à des prélèvements sur le terrain, rédige des rapports d'expertise... Il transmet ses conclusions, accompagnées de préconisations, aux organismes de recherche, grands industriels ou collectivités qui font appel à ses services.

Formation

Master ou diplôme d'ingénieur en sciences biologiques ou chimie, diplôme de docteur en pharmacie ou en médecine, complété par une formation ou un doctorat en toxicologie.

VENDRE

CHEF/FE DE PRODUIT

★☆

Côté technique, son rôle consiste à imaginer des cosmétiques, aliments ou médicaments innovants, répondant aux attentes des clients. Côté marketing, il fait tout pour assurer le succès de leur lancement sur le marché. Pour chaque projet, le chef de produit accompagne les différentes étapes du développement, en étroite collaboration avec les services recherche et développement (R & D), qualité, marketing. Une fois le produit commercialisé, il le suit tout au long de sa vie, pour le modifier si besoin.

Formation

Master ou diplôme d'ingénieur dans le secteur visé; école spécialisée; diplôme de docteur en pharmacie ou médecine pour les produits de santé. Une seconde compétence en marketing est un atout.

TECHNICO-COMMERCIAL/E

★☆

Signe distinctif: sa double compétence. Commercial, il vend ou achète du matériel de laboratoire, des produits alimentaires ou des actifs pour les cosmétiques. Mais c'est aussi un conseiller technique expert de son produit, souvent complexe. Après avoir identifié les besoins de son client, il lui propose des solutions sur mesure. Sur son agenda: préparation de devis, prospection de nouveaux clients, démonstrations de matériel... Mobilité et autonomie sont de mise.

Formation

BTS ou DUT en biologie, complété par une licence pro technico-commercial; master en santé, cosmétiques, biotechnologies; diplôme d'ingénieur; école spécialisée.

★☆ *Accessible directement après ses études*
★★ *Accessible avec de l'expérience*

ENSEIGNER

ENSEIGNANT/E-CHERCHEUR/EUSE

★☆

Son emploi du temps se partage essentiellement entre les cours donnés à l'université ou en école, et son travail de recherche. Dans le premier cas, il enseigne aux étudiants une discipline spécialisée : biologie cellulaire, biologie des organismes, neurosciences... Dans le second, il se consacre à des expériences en laboratoire, des analyses de résultats, des publications d'articles et des interventions dans des colloques scientifiques. D'autres activités peuvent venir se greffer sur son planning : direction d'un labo de recherche, suivi des thèses des doctorants, participation à des jurys d'examen...

Formation

Doctorat en biologie ou biochimie.

© CHRIS SCHMIDT / ISTOCK.COM

MÉDIATEUR/TRICE SCIENTIFIQUE

★☆

Pour rendre les sciences accessibles au plus grand nombre, il doit posséder un solide bagage scientifique. Son autre point fort : le sens de la communication, pour s'adapter à des publics n'ayant pas le même niveau de connaissances. Ses missions varient selon la structure qui l'emploie. Dans un parc aquatique ou un musée, il conçoit des animations ou outils pédagogiques et ludiques à destination des visiteurs. Dans une association ou une structure publique, il pilote des projets d'éducation à l'environnement (conférence, expo...).

Formation

Licence, master ou diplôme d'ingénieur en sciences de la vie, complété par une licence pro ou un master en médiation ou communication scientifique, éducation à l'environnement.

PROFESSEUR/E DE SVT

★☆

Au sein d'un collège ou d'un lycée, le professeur de sciences de la vie et de la Terre (SVT) assure entre 15 et 18 heures de cours par semaine. Selon les niveaux de classe, il programme plus au moins de travaux pratiques : dissections, observations au microscope... Hors de la classe, il corrige les devoirs, prépare la paillasse et les cours suivants. Il accompagne aussi l'élève dans son orientation, organise des projets pluridisciplinaires et des sorties pédagogiques (visites de musées...). On peut aussi, selon le concours passé, enseigner en filière STL, en BTS, en prépa, en voie pro. On parle alors de professeur de biotechnologies.

Formation

Master métiers de l'enseignement, de l'éducation et de la formation (MEEF) 2^{d} degré et réussite au concours de recrutement.

★☆ *Accessible directement après ses études*

★★ *Accessible avec de l'expérience*

ÉTUDES

QUELLES FORMATIONS POUR QUELS MÉTIERS ?

Pour rejoindre les métiers de la biologie, les formations se déclinent de bac + 2 à bac + 8 ou plus... Tour d'horizon des cursus adaptés selon les professions envisagées.

CONCEVOIR

Les fonctions de conception, de recherche et développement (R & D) nécessitent des études longues, un bac + 5 au minimum. À l'université, les masters ciblent un domaine de la biologie (microbiologie, biologie végétale...) ou apportent une double compétence (biologie et informatique, par exemple). Les futurs ingénieurs R & D, bio-informaticiens ou ingénieurs brevet peuvent aussi passer par une école d'ingénieurs ou une école spécialisée. Poursuivre en doctorat (bac + 8) permet à certains de faire valoir des compétences pointues sur un créneau de la biologie appliquée à l'industrie. Un niveau qui constitue, par ailleurs, un passage obligé pour accéder à des postes de chercheur et d'hydrobiologiste. Quant au technicien de recherche, il possède un bac + 2 ou + 3 : BTS, DUT ou licence pro en sciences de la vie.

PRODUIRE

À bac + 2, plusieurs BTS et DUT, éventuellement complétés par une licence pro, ouvrent aux métiers de technicien en analyses biomédicales, technicien de production, technicien de formulation...
La production en biologie requiert aussi des profils à bac + 5, pour les postes d'ingénieur production, ingénieur procédés, chef de projet... Les diplômés d'écoles d'ingénieurs spécialisés en génie biologique ou génie industriel se placent facilement. Il est aussi possible d'opter pour un master universitaire en lien avec le secteur visé ou pour une école spécialisée.
Certains diplômés poussent jusqu'au doctorat (bac + 8), notamment pour des fonctions de chef de projet.
Le métier de biologiste médical nécessite, quant à lui, d'avoir suivi un cursus de médecine ou de pharmacie, respectivement en 10 ou 9 ans après le bac.

© YIN YANG / ISTOCK.COM

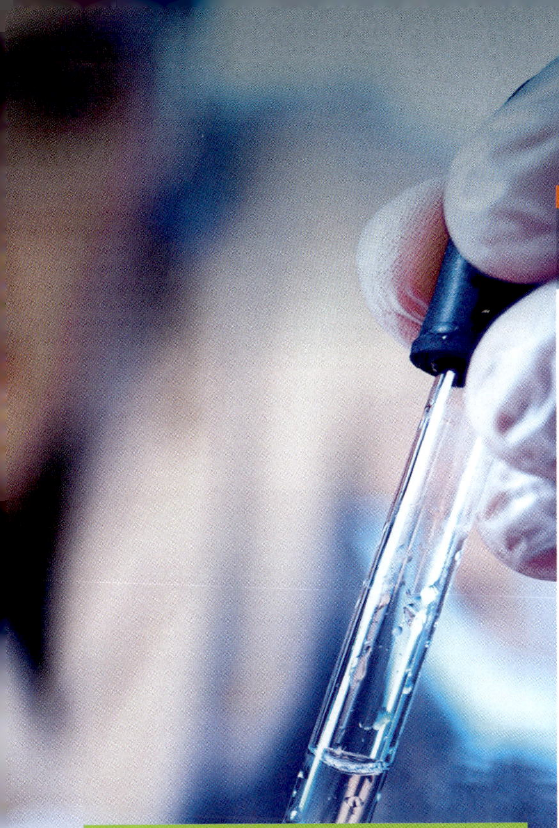

VENDRE

Technicité des produits oblige, les profils scientifiques formés à la vente ou au marketing sont préférés aux purs commerciaux.
Clé d'entrée pour un poste de technico-commercial : un BTS ou un DUT technique (bac + 2), idéalement complété par une licence pro en commerce.
Pour les portefeuilles de clients plus conséquents ou pour devenir chef de produit, un master en lien avec le secteur visé, un diplôme d'ingénieur ou d'école spécialisée à bac + 5 reste la voie royale. D'autant lorsqu'il est assorti d'une seconde compétence en commerce. Pour les produits de santé, un cursus en pharmacie ou médecine (6 à 11 ans) est aussi adapté.

CONTRÔLER

Pour devenir technicien qualité ou chargé d'hygiène, sécurité et environnement, un BTS ou un DUT scientifique ou technique à bac + 2, prolongé au besoin par une licence pro en qualité ou sécurité, constitue un bon sésame.
Les responsables qui interprètent les résultats d'analyses, conçoivent un plan de prévention des risques ou valident une production sont, quant à eux, recrutés avec un bac + 5 : diplôme d'ingénieur (spécialisé en agroalimentaire, génie biologique...), master en qualité. Le métier de chargé de pharmacovigilance exige, lui, un bac + 6 au minimum, souvent un cursus court de pharmacie doublé d'une spécialisation en pharmacologie.

ENSEIGNER

Pour transmettre un savoir scientifique, il faut s'appuyer sur un solide bagage. Les professeurs de SVT ont obtenu, à bac + 5, un master métiers de l'enseignement, de l'éducation et de la formation (MEEF) du 2^{d} degré et réussi le concours de recrutement.
Les enseignants-chercheurs, eux, ont poussé leurs études jusqu'au doctorat (bac + 8) dans une spécialité (biologie des populations, neurobiologie...).
Enfin, les médiateurs scientifiques ont enrichi un cursus en sciences (licence, master, diplôme d'ingénieur...) par une formation en médiation scientifique ou éducation à l'environnement.

QUELLES FORMATIONS APRÈS QUELS BACS ?

Avec un bac général, technologique ou professionnel, différents parcours d'études permettent de s'orienter vers la biologie. Quelques exemples des cursus possibles selon son profil. À compléter au cas par cas.

Après le bac S

À l'université, les bacheliers S sont les profils attendus pour les licences de sciences de la vie, de sciences de la vie et de la Terre (SVT) ou encore de chimie. Ces mentions requièrent, en effet, des bases solides en biologie, chimie et géosciences, ainsi que dans les autres disciplines scientifiques (mathématiques, physique, chimie...), très présentes en 1re année, voire au-delà.
Les bacheliers S sont également taillés pour les écoles d'ingénieurs et représentent la grande majorité des admis dans les établissements en 5 ans. Ils peuvent aussi rejoindre une classe prépa : biologie, chimie, physique et sciences de la Terre (BCPST) ou, selon l'école visée, les autres prépas destinées aux S.
Autre voie envisageable : les écoles spécialisées. Les bacheliers S sont là aussi présents massivement (jusqu'à 90 % des admis à SupBiotech). Pas étonnant puisque les programmes s'appuient sur ceux de 1re et de terminale S.
Enfin, ils représentent environ trois quarts des promotions du DUT génie biologique, du DUT génie chimique, génie des procédés ou du DETLM, et un quart pour les BTS du secteur. Pour les élèves qui privilégient une approche appliquée.

© SPROETNIIEK / ISTOCK.COM

Pour les bacheliers L et ES, une mise à niveau en sciences est souvent nécessaire.

Après le bac STAV

Le bac STAV ouvre principalement sur les BTS/BTSA et DUT du secteur ayant une orientation « agro », comme le BTSA Anabiotec et le DUT génie biologique option agronomie. Il permet également de se présenter à l'entrée dans certaines écoles d'ingénieurs en 5 ans en agronomie ou de postuler en classe prépa technologie et biologie (TB). Enfin, les écoles spécialisées proposant un cursus agro admettent aussi quelques bacheliers STAV. Accordant une large place à la théorie, les licences à l'université requièrent le plus souvent 1 an de mise à niveau en sciences.

Après le bac STI2D

Davantage tournés vers l'ingénierie, les bacheliers STI2D sont peu nombreux dans les formations bio. Quelques-uns rallient le BTSA Anabiotec ou le BTS métiers de l'eau. D'autres se présentent dans certaines écoles d'ingénieurs ou en prépa technologie et sciences industrielles (TSI).

Après le bac STL

Logiquement, les bacheliers STL sont nombreux dans les BTS du secteur, représentant ainsi entre un tiers et la moitié des admis dans les BTS analyses de biologie médicale, bio-analyses et contrôles ou encore biotechnologies. Ils ont, en effet, déjà expérimenté les manipulations et sont sensibilisés aux bonnes pratiques de labo. Ils sont, en revanche, moins présents en DUT où les enseignements scientifiques théoriques restent importants.

Les bacheliers STL peuvent aussi viser les écoles spécialisées en bio. Ils constituent, par exemple, jusqu'à 20 % des effectifs dans la formation assistant de laboratoire à l'ESTBB. Dans les faits, ils préfèrent souvent commencer par un BTS/DUT, quitte à entrer ensuite en école par les admissions parallèles.
Autres possibilités : postuler dans les écoles d'ingénieurs en 5 ans qui recrutent quelques STL ; viser une classe prépa destinée à leur profil, comme la prépa technologie et biologie (TB). Dans les deux cas, à envisager avec un bon niveau dans l'ensemble des matières.
À l'université, les licences en sciences de la vie sont à réserver aux meilleurs élèves de STL, capables de s'adapter à une approche théorique. Un conseil : suivre 1 année ou des cours de mise à niveau en sciences.

Après un bac pro

Filière la plus adaptée pour les bacheliers professionnels : les BTS/BTSA. Les sortants des spécialités laboratoire, contrôle et qualité (LCQ) et bio-industries de transformation (BIT) prennent ainsi quelques places au sein des BTS bio-analyses et contrôles, biotechnologies, qualité dans les industries alimentaires et les bio-industries (QIABI) et du BTSA Anabiotec… Pour avoir des chances d'être admis, il faut justifier d'un bon niveau, notamment dans les matières générales comme le français.
La licence à l'université, en revanche, est beaucoup plus difficile après un bac pro, faute de bases scientifiques suffisantes et de capacités d'abstraction. Mieux vaut viser un BTS/BTSA d'un bon niveau, qui offrira des poursuites d'études.

5 QUESTIONS AVANT DE SE LANCER

Préalable pour entamer un cursus de biologie : être motivé par l'étude de la vie sous toutes ses formes. Quelques points de repère pour construire son parcours.

Durée des études

Forcément longues ?

Qui dit biologie dit souvent études longues. Il faut ainsi compter 5 années d'études au minimum après le bac pour exercer comme ingénieur recherche et développement (R & D), ingénieur production, responsable qualité... Un niveau également requis pour les bio-informaticiens, les chefs de projet en biotechnologies et les professeurs de SVT. La durée des études s'allonge encore pour les biologistes médicaux, les chercheurs, les hydrobiologistes et les enseignants-chercheurs, atteignant 8 à 10 années. En revanche, pour devenir technicien de recherche, en analyses biomédicales ou encore contrôleur qualité, 2 ou 3 ans après le bac suffisent. À noter : des professions comme celles de chargé d'hygiène, sécurité, environnement (HSE) ou de technico-commercial sont accessibles à différents niveaux, bac + 3 ou bac + 5, avec à la clé des missions et des responsabilités variables.

Apprentissage

Un choix gagnant ?

Parce qu'il permet de se former tout en travaillant pour un employeur, assurément ! Le principe ? L'apprenti alterne périodes de cours et périodes en entreprise, ses frais de scolarité sont pris en charge et il perçoit une rémunération. La formule existe dans plusieurs BTS et DUT du secteur, dans de nombreuses licences pro, sans oublier certains cursus de masters, d'écoles d'ingénieurs et d'écoles spécialisées.
Cette immersion, qui demande une forte motivation, se révèle payante. L'apprenti se voit confier des missions valorisantes et acquiert une solide expérience professionnelle. Il apprend à s'intégrer dans une équipe, à adopter de bons réflexes, par exemple sur les règles de sécurité et d'hygiène dans un laboratoire. Autant d'atouts qui intéresseront ensuite d'éventuels recruteurs. Mieux, les apprentis sont souvent embauchés en CDD ou CDI par l'entreprise qui les a formés.

© PAVLIHA / ISTOCK.COM

Profil
100 % scientifique ?

Au cœur des formations de la biologie : les sciences. Cependant, des disciplines comme la communication ou le français y ont aussi toute leur place. Nombre de professionnels de la bio auront en effet à rédiger des rapports et à exposer les résultats de leurs études en réunion de travail. Des cours portent également sur la législation du travail, l'hygiène et la sécurité, nécessaires à de nombreux métiers. Autre incontournable : les langues, notamment l'anglais scientifique. À prévoir enfin pour les ingénieurs une préparation au management et à la gestion de projet et d'équipe. Des sciences donc, mais pas seulement...

Pratique
Prêt à enfiler la blouse ?

Science du vivant, la biologie s'apprend en grande partie par l'observation et la manipulation d'organismes réels à différentes échelles : observation de plantes, culture de cellules, production de protéines... Aux côtés des enseignements théoriques indispensables, les étudiants dans cette discipline passent donc rapidement beaucoup de temps à la paillasse lors des séances de travaux pratiques (TP) en laboratoire. Ils acquièrent aussi les compétences nécessaires à la démarche scientifique : utilisation des outils, réalisation de protocoles, rédaction de synthèses... Résultat : la pratique occupe environ un tiers du volume horaire de la plupart des formations (BTS, licences, écoles d'ingénieurs...). Sa part peut même monter à la moitié, dans des écoles spécialisées notamment. Allergiques aux expérimentations, s'abstenir !

Stages
Un bon tremplin ?

De nombreux professionnels, parmi ceux qui témoignent dans cette publication, ont accédé à leur premier emploi *via* un stage. Preuve, s'il en est, de l'importance du choix de stage de fin d'études.
En début de cursus, diversifier les entreprises et les secteurs permet d'explorer différents métiers ou univers de travail : plutôt dans l'agroalimentaire ou dans la santé, en laboratoire de ville, en institut de recherche, dans la police scientifique... Le stage concluant un cursus de master ou d'ingénieur doit, en revanche, cibler le métier visé après le diplôme. Une période de stage peut, en outre, être l'occasion de travailler dans une autre langue, au sein d'une équipe multiculturelle : un atout de taille dans son CV.

LES BTS/BTSA *à la loupe*

Après le bac

→ 2 ans

Une poignée de BTS/BTSA cible différents domaines d'application de la biologie, comme l'agroalimentaire, la cosmétique ou le médical. Les méthodes d'analyse et de contrôle y figurent en bonne place.

PLANÈTE MÉTIERS

Objectif des brevets de technicien supérieur (BTS) et des BTS agricoles (BTSA) : rendre les diplômés immédiatement opérationnels. Les enseignements pro occupent la moitié de l'emploi du temps en 1re année, les deux tiers en 2de année. S'y ajoutent jusqu'à 16 semaines de stage en entreprise. Le reste est dédié aux matières générales (français, langues, mathématiques, économie...). Certains établissements proposent la formation en apprentissage.

AMBIANCE LYCÉE

Les étudiants retrouvent en section de techniciens supérieurs (STS) un cadre familier : le lycée le plus souvent, avec des classes de 30 élèves, une trentaine d'heures de cours par semaine et une présence obligatoire. Cours et travaux en groupes, devoirs et projets à rendre : le rythme de travail est soutenu. Si la scolarité est gratuite dans le public, les droits d'inscription peuvent être élevés dans certains établissements privés.

ADMISSION SUR DOSSIER

Les candidatures se font sur le portail APB. La sélection prend en compte les bulletins de 1re et de terminale et, parfois, des tests de niveau. Une lettre de motivation peut être jointe au dossier scolaire. Un quota de places, fixé par chaque académie, est réservé aux bacheliers professionnels. De plus, les titulaires d'un bac pro ou technologique obtenu avec une mention « bien » ou « très bien » sont admis de droit dans une spécialité cohérente avec leur bac.

EXAMEN FINAL

Pour obtenir son BTS/BTSA, il faut réussir un examen national en fin de 2de année, intégrant une part de contrôle continu. Comme les matières générales pèsent parfois aussi lourd que les disciplines professionnelles, il ne faut pas les négliger.

S'INSÉRER OU POURSUIVRE

Avec des entreprises demandeuses de techniciens à bac + 2, l'insertion est au rendez-vous. La moitié des diplômés de BTS/BTSA poursuivent toutefois leurs études. En licence pro, en école spécialisée ou, pour les meilleurs, en école d'ingénieurs ou en licence.

Repère

La durée de la formation peut être réduite pour les élèves qui viennent d'un autre BTS, d'une licence ou d'une classe prépa.

À savoir

Des classes prépa **adaptation technicien supérieur (ATS)**, en 1 an après un BTS/BTSA ou un DUT, préparent des élèves très motivés à l'admission dans certaines écoles d'ingénieurs.

Comment choisir son BTS biologie ?

Plusieurs BTS sont dédiés à la biologie, avec des intitulés parfois proches. Pour se déterminer, il faut avant tout réfléchir au secteur professionnel visé. Pour qui veut rejoindre le médical, le BTS analyses de biologie médicale est tout indiqué. Pour la pharmacologie, la cosmétique ou l'agroalimentaire, le BTS bio-analyses et contrôles sera plus approprié. Le BTS qualité dans les industries alimentaires et bio-industries et le BTSA Anabiotec sont également transversaux, orientés l'un vers des postes en qualité, l'autre en analyse, contrôle et recherche. Plus pointu, le BTS biotechnologies forme des techniciens de laboratoire de recherche. Il est fortement conseillé de se renseigner auprès des responsables de formation, de comparer le contenu des programmes et de participer aux journées portes ouvertes (JPO).

Quelle place pour la pratique dans ces BTS ?

À l'image de ce qui les attend dans le monde du travail, les élèves passent la moitié du temps de leur formation en blouse, à manipuler à la paillasse. Lors de ces enseignements en travaux pratiques, ils utilisent des outils professionnels (bec à stériliser, microscope, fermenteur). Autres moments forts : les stages. D'une durée de 7 à 14 semaines, ils ont lieu en laboratoire d'analyses ou de recherche, en service recherche et développement d'une entreprise...

Comment augmenter ses chances d'être admis ?

Selon les établissements et les formations visés, la sélection peut être sévère. Exemple : à la rentrée 2015, au lycée Louise-Michel à Grenoble, près de 800 candidats ont postulé en BTS analyses de biologie médicale, pour 30 places. Concernant le dossier scolaire, la régularité paie. Un élève moyen, mais sérieux et constant dans l'ensemble des matières, sera préféré à un autre n'excellant que dans certaines disciplines. Les absences sont en outre examinées. Dans la lettre de motivation, argumenter son intérêt pour la formation est essentiel. De même, en entretien, le jury peut interroger le candidat sur l'établissement pour lequel il a postulé, le contenu des programmes et la cohérence avec son projet professionnel.

La licence pro après un BTS, un bon plan ?

Si ces BTS apportent des compétences métier assez marquées, les diplômés sont nombreux à poursuivre 1 an en licence pro. Celle-ci leur permet de renforcer leur spécialisation dans un secteur d'activité (bio-industries et biotechnologies, industries agroalimentaires, pharmaceutiques...) ou de creuser une compétence (métiers de la qualité, biologie analytique et expérimentale...). De quoi affiner son profil et entrer en douceur dans la vie professionnelle avec un stage de 12 à 16 semaines.

BTS analyses de biologie médicale

POUR QUI ?

Les bacheliers STL représentent plus d'un tiers des admis, suivis des bacheliers S et ST2S. Quelques bacheliers pro (laboratoire, contrôle, qualité ; bio-industries de transformation). Cette formation attire aussi des étudiants ayant suivi une 1re année commune aux études de santé (PACES).

OÙ ?

Dans 38 établissements, dont 5 avec apprentissage.

AU PROGRAMME

Comme son nom l'indique, les enseignements sont orientés vers le médical. Au menu : hématologie (étude du sang), immunologie (comment notre organisme lutte contre les infections) et bactériologie (recherche d'agents pathogènes présents dans les prélèvements biologiques). La physiologie et la biochimie sont enseignées conjointement car le dosage de certaines molécules aide à explorer la fonction de nombreux organes (foie, rein, poumon). Les 12 semaines de stage en labo sont l'occasion d'acquérir des compétences techniques en travaillant sur des automates : réception des prélèvements, analyses et démarche qualité.

ET APRÈS ?

Accès aux métiers de technicien d'analyses en laboratoire, en centre hospitalier, pour l'Établissement français du sang (EFS), ou encore en institut de recherche. Poursuite d'études en licence pro (industries chimiques et pharmaceutiques, qualité...).

BTS biotechnologies

POUR QUI ?

Les bacheliers STL représentent la moitié des admis, suivis principalement par les bacheliers S. Quelques bacheliers pro (laboratoire, contrôle, qualité).

OÙ ?

Dans 19 établissements.

AU PROGRAMME

La formation est axée sur la culture et la manipulation d'organismes vivants à différentes échelles. En biologie moléculaire et génie génétique, les élèves font de la recherche en labo et apprennent à produire des protéines issues du vivant ou utilisant le vivant. En microbiologie et génie fermentaire, ils cultivent des micro-organismes (levures, bactéries...) et utilisent des machines permettant une production à grande échelle (les fermenteurs). Autre travail en labo : la culture de cellules *in vitro* et leur multiplication, comme la production de cellules de peau pour soigner les grands brûlés. S'y ajoutent des cours en sciences physiques, qualité, hygiène et sécurité au travail. 5 semaines de stage en 1re année et 10 en 2de année.

ET APRÈS ?

Accès aux métiers d'assistant ingénieur ou chercheur en biotechnologies, en production ou recherche et développement. Poursuite d'études en licence pro (biotechnologies, génomique, bio-informatique...), licence (sciences de la vie, par exemple) ou en école d'ingénieurs *via* une prépa ATS.

BTS bio-analyses et contrôles

POUR QUI ?

Les bacheliers STL représentent presque la moitié des admis, suivis par les bacheliers S et autres bacs techno. Quelques bacheliers pro (laboratoire, contrôle, qualité ; bio-industries de transformation).

OÙ ?

Dans 40 établissements, dont 4 avec apprentissage.

AU PROGRAMME

Moins spécifique que le BTS analyses de biologie médicale, les élèves abordent la biologie dans différents champs. Ils travaillent sur des matériaux variés : cellules, matières premières de produits alimentaires, cosmétiques et pharmaceutiques. Au menu : biologie cellulaire et moléculaire (culture de cellules végétales et animales, protéines, ADN), biochimie (sucres, lipides), microbiologie (bactéries, virus). Un module de législation et de droit du travail aborde les normes sanitaires et le contrôle du respect des réglementations ; un autre, la prévention des risques lors des manipulations. 14 semaines de stage.

ET APRÈS ?

Accès aux métiers de technicien d'analyses ou qualité dans les laboratoires de contrôle des industries agroalimentaire, pharmaceutique et cosmétique, ou encore dans les services vétérinaires, de police scientifique, de répression des fraudes, les labos de recherche. Poursuite d'études en licence pro (qualité, industries agroalimentaires ou pharmaceutiques...).

Comment se déroulent les TP ?

L'avis de Christine Benayoun,

responsable pédagogique du BTS bio-analyses et contrôles au lycée Pierre-Gilles-de-Gennes à Paris

« Les travaux pratiques en laboratoire représentent plus de 30 % de la formation. Selon le type d'expérience menée, ils peuvent se dérouler sur plusieurs jours (culture microbienne, par exemple). Outre les manipulations individuelles, un tiers du temps est réservé à l'exploitation des résultats, avec un peu de bio-informatique. Pour mettre en pratique la démarche qualité, les élèves tiennent un cahier de laboratoire et doivent s'assurer de l'exactitude des méthodes utilisées. Les thèmes d'études sont variés et correspondent à des cas rencontrés en milieu professionnel. Les élèves vérifient, par exemple, la conformité d'un comprimé d'aspirine vitaminé C en dosant aspirine et vitamine C ; ils analysent des souches bactériennes de produits alimentaires (yaourt, pâtisseries...) ; comme dans la police scientifique, ils amplifient de l'ADN pour identifier des gènes. »

BTS métiers de l'esthétique-cosmétique-parfumerie option cosmétologie

POUR QUI ?

En 1re année commune, les bacheliers pro sont majoritaires, suivis par les bacheliers STMG, S, ES, ST2S et STL. En option cosmétologie, la plus scientifique, les bacheliers S et STL se positionnent bien.

OÙ ?

Dans 25 établissements.

AU PROGRAMME

Les enseignements de 1re année sont communs aux différentes options : pratique esthétique (soins en institut), biologie, cosmétologie, physique, chimie, communication commerciale, culture économique et juridique, langues vivantes. En 2de année option cosmétologie, les deux tiers des cours sont tournés vers la cosmétovigilance, le règlement et l'expertise, la sécurité, l'efficacité des produits cosmétiques, la conception, l'élaboration et la production, les techniques cosmétiques (formulation), la physique et la chimie. Le reste du temps est dédié aux projets professionnels, par exemple étude de la peau des patients en cure thermale pour concevoir des crèmes de soin. En TP, les étudiants fabriquent des savons, des rouges à lèvres, des crèmes antirides... 11 semaines de stage.

ET APRÈS ?

Accès aux métiers de formulateur cosmétique ; technicien en biométrologie et analyse sensorielle ; chargé d'essais ou de contrôle qualité. Poursuite d'études en licence pro (industries pharmaceutique, cosmétique et de santé, chimie...).

BTS qualité dans les industries alimentaires et les bio-industries (QIABI)

POUR QUI ?

Les bacheliers STL représentent un tiers des admis, suivis principalement par les bacheliers S et les bacheliers pro (laboratoire, contrôle, qualité ; bio-industries de transformation).

OÙ ?

Dans 19 établissements, dont 7 avec apprentissage.

AU PROGRAMME

Au travers de cas concrets, les élèves découvrent les moyens à mettre en œuvre pour assurer une production de qualité, dans le respect de la législation. En génie industriel et alimentaire, ils suivent la fabrication d'un produit afin d'en contrôler la qualité à toutes les étapes. L'occasion de comprendre différents procédés : cuisson sous vide, stérilisation lors de la production de conserves... Les cours de microbiologie (étude des micro-organismes comme les bactéries, les champignons...), biochimie, toxicologie (étude des substances toxiques et de leurs effets sur l'organisme) et sciences des aliments leur permettent de tester la conformité des produits alimentaires. 4 semaines de stage en 1re année et 8 en 2de année.

ET APRÈS ?

Accès aux métiers de technicien en contrôle qualité dans l'agroalimentaire et les bio-industries mais aussi dans les industries pharmaceutique et cosmétique. Poursuite d'études en licence pro (qualité, industrie agroalimentaire...).

BTSA analyses agricoles, biologiques et biotechnologiques (Anabiotec)

POUR QUI ?

Principalement les bacheliers S, des bacheliers pro (laboratoire, contrôle, qualité) et des bacheliers techno STI2D et STAV.

OÙ ?

Dans 30 établissements, dont 7 avec apprentissage.

AU PROGRAMME

Dispensée en lycée agricole, cette formation prépare également aux méthodes d'analyse et de contrôle en laboratoire. Les élèves apprennent les techniques permettant de séparer, identifier et doser les molécules. Cours de biochimie, biotechnologies (fermentation, génie génétique), biologie moléculaire, cultures *in vitro* et histologie (coupes anatomiques observables au microscope), physique, chimie, bio-informatique. En petits groupes, les élèves travaillent sur un projet expérimental, comme la transformation d'une bactérie. 12 semaines de stage (secteur médical, environnement, alimentaire, recherche).

ET APRÈS ?

Accès aux métiers de technicien d'analyse et de contrôle dans les industries agroalimentaire, chimique, pharmaceutique et cosmétique, les hôpitaux, les laboratoires ou les services liés à l'agriculture et à l'environnement (sécurité alimentaire, qualité de l'eau); technicien de recherche. Poursuite d'études en licence pro (qualité).

→ D'autres BTS

BTS biophysicien de laboratoire

Préparé à l'ESTL à Paris (2700 €; gratuit en apprentissage), ce BTS prépare en 1 an des techniciens biophysiciens de labo capables de travailler sur tous les matériaux d'origine biologique et sur toutes les molécules en contact avec l'homme (médicament, parfum, aliment…).
L'accent est mis sur les techniques physico-chimiques : spectroscopie, microscopie, infrarouges…
Accès après une 1re année de BTS bioanalyses et contrôles ou 1re année commune aux études de santé (PACES).
22 places en 2016.

BTS métiers de la chimie

Rénové en septembre 2016, ce BTS forme des techniciens d'analyse en chimie, qui s'assurent de la qualité des produits, réalisent des essais de synthèse de nouvelles molécules ou créent des formules. Cours de physique-chimie, qualité-hygiène-sécurité-environnement, maths (traitement des données et statistiques). Les bacheliers STL et S sont majoritaires.

BTS métiers de l'eau

Centré sur les processus chimiques du traitement des eaux usées et les procédés d'obtention d'eau potable, ce BTS forme des techniciens chargés d'effectuer les contrôles pour la qualité de l'eau. Il aborde les systèmes et matériels pour traiter l'eau, la biologie, la microbiologie et la microchimie (bactéries, virus, composés minéraux, etc.)… Les bacheliers STL, S et les bacs pro sont majoritaires.

LES DUT *à la loupe*

Après le bac

→ en 2 ans

Deux diplômes universitaires de technologie offrent des débouchés variés dans les secteurs de la biologie, tout en permettant une poursuite d'études.

LA THÉORIE ET LA PRATIQUE

Plus polyvalent que le BTS, le DUT accorde autant de place à la théorie qu'aux enseignements professionnels. Des projets à réaliser et 10 semaines au minimum de stage sensibilisent les étudiants au monde de l'entreprise. En 2de année, des cours préparent à la poursuite d'études ou à l'insertion. Certains instituts universitaires de technologie (IUT) proposent la formation en apprentissage.

UN TRAVAIL ENCADRÉ

L'IUT offre les avantages de l'université (proximité avec la recherche, droits d'inscription d'environ 200 €...), tout en assurant un suivi des étudiants plus étroit qu'en licence. Les cours magistraux en amphi représentent moins du quart des 30 heures environ de cours hebdomadaires. Le reste du temps est consacré à des travaux réalisés en petits groupes (travaux dirigés et pratiques, projets encadrés). Prévoir aussi beaucoup de travail personnel.

ACCÈS SÉLECTIF

Les candidatures se font *via* le portail APB. Sont examinés le profil de bac, les résultats obtenus depuis la classe de 1re, les appréciations des enseignants, la lettre de motivation. Certains IUT organisent des entretiens ou des tests. Un pourcentage de places est réservé aux bacheliers technologiques. De plus, les titulaires d'un bac techno obtenu avec une mention « bien » ou « très bien » sont admis de droit dans un DUT compatible avec la spécialité de leur bac.

CONTRÔLE CONTINU

Il n'y a pas d'examen final en DUT. Les étudiants sont évalués à partir des contrôles écrits, des notes obtenues pendant les manipulations de TP, des exposés, des projets et du mémoire professionnel qui jalonnent la formation. Pour obtenir le DUT, il faut valider ses 4 semestres.

NOMBREUSES POURSUITES D'ÉTUDES

Malgré des débouchés souvent assurés, de nombreux diplômés jouent les prolongations après leur DUT. Certains poursuivent en licence professionnelle ; d'autres, avec un bon dossier, peuvent viser l'admission en 3e année de licence ou décrocher une place en école d'ingénieurs (en génie biologique, agroalimentaire...).

Repère

Un petit nombre d'IUT proposent la formation en 1 an pour les candidats ayant suivi 2 années d'enseignement supérieur. On parle d'**« année spéciale »** (AS).

À savoir

Le **projet personnel et professionnel (PPP)** permet d'affiner sa connaissance des métiers : visites d'entreprises, rencontres avec des professionnels, préparation aux entretiens d'embauche.

Quels DUT pour rejoindre les métiers de la biologie ?

Deux spécialités relèvent directement de la biologie : le DUT génie biologique qui comprend six options (cinq concernent la biologie) et le DUT génie chimique, génie des procédés option bioprocédés.
Les deux accueillant une majorité de bacheliers S, le choix se fait davantage sur l'implantation de ces formations (un seul établissement pour l'option bio-informatique du DUT génie biologique), les métiers et les poursuites d'études accessibles.
L'option industries agroalimentaires et biologiques du DUT génie biologique, généraliste, mène à différents secteurs, alors que d'autres s'ancrent dans l'environnement ou l'agronomie.
Pour mener son enquête, contacter les responsables de formation et se rendre aux journées portes ouvertes.
À noter : le DUT chimie peut ouvrir les portes des industries pharmaceutique et cosmétique ou de l'environnement, pour des métiers associant chimie et biologie, comme celui de formulateur.

Quelles aides pour bien commencer ses études en IUT ?

Pour harmoniser les connaissances des entrants en DUT, des modules de soutien par petits effectifs sont proposés en début d'année, voire à plus long terme. En DUT génie biologique par exemple, des séances d'exercices portent sur les outils de calcul, les ordres de grandeur, les bases de la chimie… Des étudiants de 2de année peuvent également offrir un tutorat aux élèves de 1re année.

Choisir son option en DUT génie biologique

L'avis de Dominique Vercaigne-Marko, cheffe du département génie biologique à l'IUT de Lille

« Les étudiants choisissent leur option au moment de candidater au DUT, selon le domaine professionnel qu'ils visent. Analyses biologiques et biochimiques (ABB) est, par exemple, davantage tournée vers le médical alors que génie de l'environnement forme des techniciens de traitement des eaux de consommation.
La coloration professionnelle des options varie selon le réseau local de l'IUT. Ce n'est qu'à la fin de la 1re année que débute l'enseignement de spécialité. Des changements en cours de route peuvent être autorisés de manière exceptionnelle, dans la limite des places disponibles et selon le niveau de l'élève. Un étudiant en ABB qui souhaite aller en industries agroalimentaires et biologiques doit ainsi présenter un niveau suffisant en maths et physique, matières importantes en génie industriel. »

DUT génie biologique

POUR QUI ?

Pour les six options, les bacheliers S sont très majoritaires, suivis par les STL et quelques STAV et ST2S selon l'option visée.

TRONC COMMUN

Les cours de 1re année permettent de s'approprier les bases de la structure et du fonctionnement cellulaire, moléculaire et physiologique des organismes vivants : maths, physique, biochimie, immunologie, microbiologie… Les enseignements pré-optionnels débutent après les vacances de Pâques. La 2de année est dédiée à la spécialisation et comprend 10 semaines de stage.

OPTION AGRONOMIE

Où ? Dans 12 établissements.

Au programme. La formation est orientée sur la production de matières premières de qualité et dans les rendements souhaités. Les enseignements portent donc sur l'agronomie générale (étude des écosystèmes), la physiologie (étude de la vie des végétaux et des animaux), les pratiques culturales, le génie agronomique (techniques de collecte et de stockage des matières agricoles), la chimie (ajout de molécules pour fabriquer des engrais…)… La moitié des TP se déroule en exploitation agricole, l'autre moitié en laboratoire et serres. Projet tutoré (culture sous serres d'herbes aromatiques, par exemple).

Et après ? Accès aux métiers de technicien chargé d'améliorer le rendement des productions végétales et animales dans les labos de recherche appliquée, chez des semenciers, en chambre d'agriculture ; technicien contrôle qualité en industrie agroalimentaire. Poursuite d'études en école d'ingénieurs, licence sciences de la vie ou licence pro en agroalimentaire.

OPTION ANALYSES BIOLOGIQUES ET BIOCHIMIQUES (ABB)

Où ? Dans 18 établissements.

Au programme. Axée sur les sciences de la santé, la formation comporte la réalisation d'analyses de biologie médicale dans de nombreuses spécialités : biochimie, biologie moléculaire, pharmacologie, génétique… Les analyses physico-chimiques de contrôle de l'environnement ou de produits biologiques sont également à l'étude. Les manipulations (séparer, doser, purifier, marquer) sont effectuées sur des appareils électroniques. Projet tutoré (accomplir une culture cellulaire, par exemple).

Et après ? Accès au métier de technicien dans un laboratoire d'analyses médicales, à la police scientifique (sur concours), au contrôle qualité dans l'industrie pharmaceutique, cosmétique ou agroalimentaire. Poursuite d'études en licence pro en qualité, en bio-industries ou licence sciences de la vie.

Une option diététique est aussi proposée, menant au métier de diététicien.

OPTION BIO-INFORMATIQUE

Où ? Dans 1 établissement, à Aurillac. 47 places à la rentrée 2015.

Au programme. La bio-informatique correspond à l'utilisation de l'outil informatique pour traiter, exploiter et analyser les données biologiques produites en grande quantité. Enseignements de biologie moléculaire, génomique, physiologie et modélisation moléculaire pour les aspects biologiques. Cours d'algorithmie, architecture réseaux, développement web, bases de données pour les aspects informatiques. Projet tutoré (les *serious games* en biologie, par exemple).

Et après ? Accès au métier de bio-informaticien dans les labos de recherche, les industries pharmaceutique, cosmétique et agrochimique. Poursuite d'études en école d'ingénieurs, prépa ATS, licence pro en informatique ou licence sciences de la vie.

OPTION GÉNIE DE L'ENVIRONNEMENT

Où ? Dans 15 établissements, dont 2 avec apprentissage.

Au programme. Les étudiants abordent l'écologie (interaction et diversité des milieux naturels, réchauffement climatique), les pollutions biologiques, chimiques et sonores, l'écotoxicologie (impact et détection des pollutions), les énergies renouvelables, la gestion des déchets, la climatologie, l'hydrologie. Ils apprennent à utiliser les micro-organismes pour traiter les eaux usées ou les sols pollués par des hydrocarbures. Cours de droit, gestion de l'environnement, bio-statistiques, hygiène, sécurité et qualité. Projet tutoré (évaluer les impacts environnementaux d'un parc éolien, par exemple).

Et après ? Accès aux métiers de technicien chargé du suivi dans les stations d'épuration ou du traitement des déchets; chargé de mission gestion des milieux naturels et environnement... Poursuite d'études en licence pro en protection de l'environnement, licence sciences de la vie ou école d'ingénieurs.

OPTION INDUSTRIES AGROALIMENTAIRES ET BIOLOGIQUES

Où ? Dans 24 établissements, dont 2 avec apprentissage.

Au programme. En apprenant les bases fondamentales du génie industriel alimentaire, les étudiants s'orientent vers l'élaboration de produits alimentaires et la mise en place de leur contrôle qualité. Cours de physique appliquée aux procédés industriels, d'opérations de production (stérilisation, pasteurisation, purification de l'eau), de microbiologie (recherche de germes pathogènes ou positifs dans les aliments comme les ferments lactiques), de génie enzymatique (méthode pour éviter les allergies alimentaires), de biochimie (composition des protéines, glucides, lipides), de législation et démarche qualité. Projet tutoré (préparer une bière, par exemple).

Et après ? Accès au métier de technicien de labo, en recherche et développement ou contrôle de la production dans les secteurs agroalimentaire, pharmaceutique, cosmétique ou biotechnologique. Poursuite d'études en licence pro en agroalimentaire ou qualité ou en école d'ingénieurs.

DUT génie chimique, génie des procédés
option bioprocédés

POUR QUI ?

Les bacheliers S représentent la majorité des admis, suivis par les STL.

OÙ ?

Dans 8 établissements.

AU PROGRAMME

En 1re année sont enseignées les bases des procédés industriels des raffineries, des stations d'épuration, des usines de traitement des déchets, de production d'engrais, d'industrie agroalimentaire. Près de la moitié du temps de formation est dédiée aux TP (séchage du lait par atomisation...). En 2de année, l'option bioprocédés explore les bioréacteurs et génie des procédés utilisés dans l'industrie agroalimentaire et pharmaceutique (extraction, filtration, distillation ou purification...). Cours de biochimie, microbiologie générale et industrielle (stabilisation de matières premières, pasteurisation, stérilisation, congélation...). Projet tutoré (fabrication d'un arôme à partir de levure ou de moisissure, par exemple) et stage de 10 semaines.

ET APRÈS ?

Accès au métier de technicien de production, de labo de contrôle, en recherche et développement dans les industries agroalimentaire, cosmétique et pharmaceutique, dans des bureaux d'études. Poursuite d'études en école d'ingénieurs, licence pro industries agroalimentaire et pharmaceutique ou licence sciences de la vie, chimie.

→ D'autres diplômes

DUT chimie

Ce DUT donne accès aux métiers de formulateur, technicien chimiste en recherche et développement ou en production dans les industries chimiques ou pharmaceutiques, la cosmétologie, la protection de l'environnement. Trois options au choix en 2de année : chimie analytique et de synthèse, chimie des matériaux et chimie industrielle. Les bacheliers S y sont majoritaires, suivis par les STL.

DEUST

Les diplômes d'études universitaires scientifiques et techniques (DEUST), également préparés en 2 ans à l'université, sont proposés en partenariat avec les entreprises régionales. En biologie, il en existe trois :
- **analyse des milieux biologiques** (à Corte), qui forme des techniciens d'analyses biologiques médicales et agroalimentaires ;
- **biotechnologies** (à Orsay). Accessible sur sélection après une L1 sciences de la vie option biotechnologies, il se prépare en 1 an, en alternance. Il forme des techniciens en recherche et développement dans l'industrie pharmaceutique ou des labos de recherche publics ;
- **production et contrôles des produits de santé** (à Bordeaux), qui forme des techniciens en galénique (conservation et présentation des médicaments), techniciens qualité, techniciens transposition industrielle dans les industries de la santé (recherche, production, contrôle et assurance qualité).

Diplôme d'État de technicien de laboratoire médical (DETLM)

POUR QUI ?

Les bacheliers S représentent les trois quart des admis, suivis par les STL et ST2S. Un petit nombre d'étudiants ont suivi la 1re année commune aux études de santé (PACES) ou une L1 sciences de la vie. Admission sur concours (épreuves écrites de biologie, physique et chimie). Les inscriptions ont lieu de janvier à mars.

OÙ ?

Dans 4 établissements, dont 1 privé (coût maximum de 4200 €).

AU PROGRAMME

La formation, en 3 ans, se partage en un tiers d'enseignements théoriques, un tiers de travaux pratiques et un tiers de stages (32 semaines au total). Elle est axée sur la microbiologie et la biochimie pour prévenir les maladies, les dépister et aider à leur diagnostic. Aux enseignements de bactériologie, immunologie, anatomie, parasitologie, virologie..., s'ajoutent des cours sur la santé publique, la législation et l'épidémiologie. En TP, réalisation d'examens biologiques (analyses de sang, d'urine et d'autres prélèvements humains) et préparation au certificat de capacité aux prélèvements sanguins.

ET APRÈS ?

Accès au métier de technicien d'analyses médicales à l'hôpital, dans des labos, dans l'agroalimentaire, aux douanes ou à la police scientifique. Rares poursuites d'études en licence sciences de la vie ou école d'ingénieurs.

Analyses médicales : quelles différences entre BTS, DUT et DETLM ?*

Offre de formation. Le BTS analyses de biologie médicale est dispensé dans 38 établissements, le DUT génie biologique option analyses biologiques et biochimiques dans 18 établissements, et le DETLM dans 4 établissements. Côté droits de scolarité, ils sont gratuits dans la majorité des BTS, de 184 € en DUT et autour de 250 € pour le DETLM (4200 € pour l'établissement privé).

Profil des admis. Le DUT génie biologique et le DETLM accueillent principalement des bacheliers S (trois quarts des admis). Le BTS analyses de biologie médicale reçoit une majorité de bacheliers STL (environ 40 %). L'admission se fait sur concours en DETLM, sur dossier et entretien en BTS et DUT.

Stage. Le BTS et le DUT comportent 10 à 12 semaines de stage sur les 2 ans de formation. En BTS, plusieurs établissements proposent la formation en apprentissage. Le DETLM intègre quant à lui un total de 32 semaines de stage sur les 3 ans.

Prélèvements. Si les BTS et DUT préparent à l'épreuve théorique du certificat de capacité aux prélèvements sanguins, le DETLM va plus loin en incluant un stage de prélèvements sanguins et une formation aux gestes et soins d'urgence de niveau 2, nécessaires pour présenter l'épreuve pratique.

Et après ? La majorité des diplômés d'un DETLM s'insère directement, principalement dans les hôpitaux. Du fait d'un enseignement plus généraliste, le DUT permet des poursuites d'études plus variées que le BTS.

* Principaux diplômes permettant d'accéder au métier de technicien de laboratoire médical.

LES LICENCES PRO *à la loupe*

Après un bac + 2

→ en 1 an

De nombreuses licences pro permettent aux titulaires d'un bac + 2 d'affiner leur profil en biologie (industries agroalimentaire et pharmaceutique, biotechnologies...) tout en consolidant leur expérience terrain.

PRO COMME PROFESSIONNEL

Comme son nom l'indique, le point fort de cette formation est la mise en situation professionnelle. Les étudiants effectuent 12 à 16 semaines de stage, et réalisent un projet tutoré (création d'une entreprise virtuelle dans un secteur d'activité lié à la biologie, introduction d'une nouvelle technique d'analyse dans un laboratoire), le plus souvent en groupe et en partenariat avec une entreprise. Une partie des cours est assurée par des pros en exercice, ce qui permet de se créer un premier réseau. Sur le créneau de la biologie, de nombreuses formations sont par ailleurs proposées en apprentissage.

DES EFFECTIFS RÉDUITS

Les cours ont lieu à l'université qui délivre le diplôme, mais aussi dans des lycées partenaires qui mettent à disposition des salles et des matériels spécifiques. Pas de grands amphis ici, les étudiants appartiennent à un groupe classe et bénéficient d'un encadrement important. La présence à tous les cours est obligatoire. Les cursus en alternance ont lieu en centre de formation d'apprentis (CFA).

SÉLECTION: PLACE À LA MOTIVATION

L'admission se fait principalement sur dossier (notes, appréciations, assiduité) et sur lettre de motivation, auxquels peut s'ajouter un entretien. Certains profils (titulaires de BTS/BTSA ou de DUT, ou étudiants de L2) sont privilégiés, selon la spécialité. Une attention particulière est portée au projet professionnel. Les candidats qui choisissent l'apprentissage doivent également trouver un employeur (entreprise, laboratoire...).

PRIORITÉ À L'INSERTION

En principe, la licence pro n'appelle pas de poursuite d'études: les étudiants sont opérationnels dès leur sortie. Ils ont acquis un niveau bac + 3, reconnu dans le système LMD (licence, master, doctorat), et ont renforcé leur expérience terrain. Si ces diplômés n'ont pas la garantie d'avoir un salaire plus élevé ou des responsabilités plus importantes qu'avec un BTS ou un DUT, ils bénéficient souvent d'une évolution de carrière plus rapide.

Repère

Les dossiers de candidature doivent en général être déposés entre février et mai.

À savoir

Pour gagner en lisibilité, les licences pro sont désormais réparties en 173 mentions. Les établissements ont jusqu'en 2018 pour mettre en place cette nouvelle organisation.

Comment s'organise la sélection ?

Les licences pro en biologie exigent un bagage scientifique et technique : L2 sciences de la vie, BTS bio-analyses et contrôles, DUT génie biologique... Le dossier fait l'objet d'une première sélection : sont examinées les notes, les appréciations et les expériences (stages ou jobs). Les candidats retenus sont généralement reçus en entretien où leur motivation est sondée. Il s'agit de montrer sa connaissance du contenu de la formation et de ses spécialités, d'expliquer son projet professionnel et parfois de présenter un sujet, par exemple un ingrédient innovant en cosmétique... Toute activité contribuant à enrichir sa culture du monde biologique (lecture de revues scientifiques comme *Biofutur*, intérêt pour les bio-industries, stages, manipulations...) est appréciée.

Quelles sont les spécialisations proposées ?

Dans la nouvelle nomenclature de licences pro, une dizaine de mentions sont liées à la biologie. Elles ciblent les secteurs d'application des sciences du vivant : bio-industries et biotechnologies ; industries agroalimentaire, pharmaceutique, cosmétique et de santé ; environnement. Certaines sont orientées vers des fonctions de recherche et de production ; d'autres donnent la priorité à la qualité ; d'autres encore apportent une compétence technico-commerciale.

Une formation plus approfondie

L'avis de Dominique Buffard,

responsable de la licence pro microbiologie industrielle et biotechnologies à l'université Paris-Diderot

« La licence pro ne constitue pas un BTS bis. Nos étudiants reçoivent des enseignements théoriques du niveau d'une L3 générale. Ils approfondissent leurs connaissances en biologie moléculaire, structurale et cellulaire, et certains, selon leur formation, découvrent la génétique. Cette culture scientifique plus poussée qu'en BTS ou L2 leur permet de communiquer avec les chercheurs et ingénieurs qu'ils vont assister, et de se spécialiser en microbiologie industrielle ou en biotechnologies. En biologie, les techniques (séquençage, utilisation de cellules souches) évoluent vite. Poursuivre en licence pro permet également d'acquérir les bases nécessaires pour actualiser ses connaissances tout au long de sa vie professionnelle. »

LES LICENCES ET MASTERS *à la loupe*

Après le bac

→ en 3 à 5 ans

Biochimie, biosanté, bio-informatique... l'université propose une large palette de spécialisations en biologie. Les étudiants affinent véritablement leur choix en master.

UN PARCOURS EN PLUSIEURS TEMPS

Les études longues à l'université commencent par la licence (bac + 3), qui donne un socle de connaissances scientifiques. Pour développer leur compétence professionnelle, les étudiants poursuivent le plus souvent en master ou en école d'ingénieurs (bac + 5). Ceux qui visent les métiers de la recherche doivent continuer en doctorat (bac + 8). Pour rejoindre le marché du travail sans délai, il est possible de préparer, après la 2e année de licence (L2), une licence pro en 1 an.

BIEN CHOISIR SA FILIÈRE

Sciences de la vie et/ou de la Terre, chimie, sciences pour la santé : quelle mention viser en fonction de son profil et de son projet ? Il est indispensable de recueillir l'avis d'enseignants lors des journées portes ouvertes (JPO) ou en faisant une demande de conseil d'orientation pendant la procédure d'inscription APB. Car, si la plupart des licences sont ouvertes à tous les bacheliers, selon les filières, certaines séries de bac sont plus adaptées.

SPÉCIALISATION PROGRESSIVE

Assurant la transition entre le lycée et l'université, le programme de L1 est pluridisciplinaire : biologie, géosciences, chimie, physique par exemple. Ce qui facilite au besoin les changements de cap. Les 2 années suivantes (L2 et L3) permettent d'approfondir les bases de la discipline suivie. Amorcée en L3 par un choix de parcours, la spécialisation intervient réellement au cours des 2 années de master. Des stages réalisés dès la licence ou un cursus suivi en alternance permettent de renforcer son expérience terrain.

LIBERTÉ À SURVEILLER

Au début, les étudiants auront peut-être l'impression que le rythme de travail est moins intensif qu'au lycée. Or revoir ses cours, les enrichir par des recherches personnelles, préparer les travaux pratiques (TP) et dirigés (TD)... exige un investissement personnel important. Le tutorat proposé par des étudiants plus avancés, les séances de soutien assurées par les enseignants et les bilans d'étape constituent autant d'aides pour réussir.

Repère

L1, L2, L3 : les 3 années de licence. Accès direct possible en L2 ou L3, sur dossier, après un BTS, un DUT, une prépa...

M1, M2 : les 2 années de master. Accès de droit en M1 avec une licence compatible ou admission sur dossier ; accès sélectif en M2.

Info@

www.onisep.fr/reussir_licence Pour passer le cap de la 1re année à la fac.

reseau-figure.fr Pour en savoir plus sur les cursus master en ingénierie (CMI) proposés dès la L1.

Quelles licences pour faire de la biologie ?

En première ligne, la licence de sciences de la vie est celle qui accorde la plus grande place à la discipline. Autre voie : la mention sciences de la vie et de la Terre (SVT), qui comporte en plus des géosciences. Certains étudiants passent aussi par la licence chimie, optant alors pour un parcours en biochimie ou biologie et chimie. Dans les trois cas, la 1re année se veut souvent pluridisciplinaire (biologie, physique, chimie...). La licence sciences pour la santé mêle, quant à elle, la biologie, la chimie et la physique avec l'immunologie, la toxicologie ou encore la biologie des aliments, pour s'orienter plus tard en pharmacologie ou en nutrition par exemple. Quelques autres licences proposent une coloration biologie par le biais de parcours spécifiques *(voir la liste des licences p. 126)*.

Quelle place est accordée à la pratique ?

À l'université, biologie ne rime pas qu'avec théorie. La pratique et les expérimentations représentent environ un tiers du volume horaire des licences de sciences de la vie et de SVT. Les savoirs sont, en effet, mis en application lors des travaux pratiques (TP). Au menu, donc : cultures *in vitro*, dissections, utilisation du microscope, observation des plantes et des minéraux, analyse des résultats... S'y ajoute un stage, souvent obligatoire, dans un laboratoire ou une pharmacie.

À quel moment se fait la spécialisation ?

En licence, la formation en sciences de la vie demeure assez large. Le choix d'un parcours, par exemple en ingénierie de la santé ou en sciences du végétal, confère une coloration au cursus, sans être déterminant pour la suite des études. Néanmoins, en donnant une première approche d'un domaine, un parcours peut faciliter l'intégration dans un master correspondant, par exemple un parcours en modélisation et informatique du vivant pour rejoindre la bio-informatique.
Mais la spécialisation intervient vraiment en master : sciences et procédés des aliments, biotechnologies des plantes, neurobiologie... Un choix bien plus décisif pour les débuts professionnels.

Professeur de SVT : quel master suivre ?

Pour enseigner les sciences de la vie et de la Terre en collège ou lycée, il faut intégrer un master métiers de l'enseignement, de l'éducation et de la formation (MEEF) mention 2d degré et opter pour le parcours SVT. La 1re année consiste en une préparation des étudiants aux épreuves des concours de recrutement, une formation à l'exercice du métier et des stages en établissement scolaire. En 2de année, les lauréats du concours, devenus fonctionnaires stagiaires, partagent leur temps entre un collège ou un lycée et la formation à l'université, davantage axée sur les pratiques professionnelles.

Comment s'orienter vers la recherche ?

Les étudiants qui visent les métiers de la recherche (chercheur dans un laboratoire public, enseignant-chercheur à l'université, ou encore chargé de recherche dans certaines entreprises industrielles) doivent poursuivre en doctorat à bac + 8. Lors du master, notamment s'il propose une orientation recherche, des séminaires ou des stages en laboratoire leur permettent de s'y préparer. À noter : on peut aussi préparer un doctorat en fin d'école d'ingénieurs ou d'école normale supérieure (ENS). Pendant 3 ou 4 ans, les doctorants se consacrent à des travaux de recherche, conduisant à la rédaction et à la soutenance d'une thèse. Ils participent également à des conférences et à des séminaires. La thèse peut être réalisée en entreprise, sous contrat rémunéré.

Peut-on rejoindre une école d'ingénieurs ?

Des passerelles existent entre l'université et les écoles d'ingénieurs. Ces dernières accueillent des étudiants de différents niveaux de licence, sur dossier, épreuves et/ou entretien. Ainsi, l'EBI recrute des titulaires de L3 en biologie en 1re année de cycle ingénieur. *Idem* pour l'Ensaia qui, par ailleurs, admet en 2e année de ses filières industries alimentaires et agronomie des étudiants ayant validé une 1re année de master. Certaines universités proposent des parcours renforcés de licence qui préparent plus spécifiquement à ces admissions.

L'alternance : une formule payante

L'avis d'Hélène Dauchel,

responsable du master bio-informatique (en 3 ans) à l'université de Rouen (76)

« Durant le M2, qu'ils effectuent en 2 ans, nos étudiants alternent 2 semaines à l'université et 3 à 10 semaines en entreprise ou en laboratoire de recherche. Sur leur lieu de travail, ils utilisent directement ce qu'ils apprennent en cours et inversement. Peu à peu, ils passent ainsi d'une position d'étudiant à celle de collaborateur. À l'issue de la formation, la quasi-totalité des diplômés s'insère directement comme ingénieur, certains poursuivant en doctorat. Ils ne restent pas forcément dans leur structure d'accueil car, grâce à l'alternance, ils ont pu se constituer un réseau scientifique, dans lequel ils trouvent facilement des débouchés. Les employeurs leur font confiance car ils totalisent déjà 2 années d'expérience professionnelle et sont capables d'être force de proposition. »

Licence de sciences de la vie

POUR QUI ?

Les bacheliers S sont les mieux préparés. Les autres bacheliers ont tout intérêt à effectuer une année de mise à niveau, celle-ci étant parfois exigée.

OÙ ?

Dans une quarantaine d'universités.

AU PROGRAMME

Au cours des 3 années de licence, l'étudiant acquiert les bases des sciences de la vie : biologie animale et végétale, biologie cellulaire et moléculaire, biologie du développement, génétique, physiologie animale et végétale, immunologie... La 1re année inclut en général des enseignements scientifiques pluridisciplinaires : chimie, physique, géosciences, maths... À cela s'ajoute l'apprentissage de la méthodologie scientifique, notamment lors des travaux dirigés (TD) : analyse de données, rédaction de comptes-rendus, dessin d'observation, acquisition des techniques pour les prélèvements, utilisation des outils (microscope...), informatique et anglais. Le choix d'un parcours s'effectue le plus souvent en L2 ou L3 : biologie moléculaire et génétique, biologie humaine et biotechnologies, microbiologie... S'il n'est pas toujours obligatoire, le stage dans un laboratoire ou chez un pharmacien est fortement conseillé par les enseignants.

ET APRÈS ?

La grande majorité des diplômés poursuit en master, où ils se spécialisent (biotechnologies, microbiologie et immunologie, santé et alimentation...).

→ D'autres licences

Licence de SVT

Dans plus d'une quinzaine d'universités. L'étudiant y aborde à la fois les disciplines de base des sciences de la vie (biologie cellulaire et moléculaire, animale et végétale, physiologie...) et celles des géosciences (géologie, climatologie, géodynamique de la Terre...).
La pratique occupe une grande place : technique du microscope, observation de roches et de minéraux, utilisation des cartes géologiques... Poursuite en master ou en école d'ingénieurs.

Licence de chimie

Dans une trentaine d'universités. Outre un tronc commun en chimie générale, physique, maths et biologie, la formation porte sur les différents pans de la chimie (organique, minérale, physique, analytique, macromoléculaire...). Des travaux pratiques (TP) ont lieu en laboratoire : synthétisation et caractérisation de produits acides, électro-raffinage du cuivre... Poursuite en master ou en école d'ingénieurs.

Licence de sciences pour la santé

Dans une douzaine d'universités. Cette formation fait le lien entre des enseignements scientifiques de base (biologie cellulaire et moléculaire, chimie organique, physique, maths, génétique...) et des cours spécialisés liés à la santé (neurobiologie, métabolisme, pharmacologie, biologie des agents infectieux, biochimie des aliments...). Avec des parcours en nutrition, pharmacologie ou toxicologie, par exemple. Poursuite en master.

LES ÉCOLES D'INGÉNIEURS à la loupe

Après le bac
→ en 5 ans

Après un bac + 2
→ en 3 ans

De l'agroalimentaire aux biotechnologies, en passant par la bio-informatique, une quarantaine d'écoles d'ingénieurs offrent un cursus en lien avec la biologie et ses applications industrielles.

EN 3 ANS, EN 5 ANS...

5 années d'études après le bac sont nécessaires pour obtenir le diplôme d'ingénieur, reconnu par la Commission des titres d'ingénieur (CTI). Mais le temps passé dans l'école elle-même varie selon l'établissement et le parcours de chacun. Plus de la moitié des élèves intègrent un établissement à bac+2, après une prépa scientifique (CPGE), mais aussi un DUT, un BTS ou une licence dans un domaine adapté aux spécialités visées, et y réalisent les 3 années du cycle ingénieur. Autre possibilité : rejoindre une école dès le bac pour un cursus en 5 ans, qui commence par 2 années de cycle préparatoire.

UNE ENTRÉE SÉLECTIVE

Pour les concours après le bac, la sélection, souvent commune à plusieurs écoles, s'effectue sur dossier, épreuves et/ou entretien. Si les bacheliers S sont majoritaires, les profils technologiques sont aussi admis. Pour les concours après une prépa, il faut prévoir 3 à 4 jours d'épreuves portant sur l'ensemble des matières abordées en CPGE scientifiques. En admissions parallèles, place à l'étude du dossier, parfois assortie d'épreuves.

DES SCIENCES, MAIS PAS SEULEMENT

Majeur au début, le tronc commun scientifique (maths, physique, informatique, chimie, biologie...) laisse progressivement la place aux sciences et techniques de la dominante choisie : génie biologique, agronomie, production industrielle... Un tiers des enseignements sont dédiés aux langues et à la culture entreprise (économie, droit, gestion de projet...). Au menu aussi : la sensibilisation à la recherche, à l'entrepreneuriat et une ouverture à l'international.

CAP SUR UN MÉTIER

Les stages occupent 28 semaines au minimum de la formation, et de nombreux projets de groupe initient au travail en équipe. Cours assurés par des pros en exercice, visites de labos et de sites industriels, forums de recrutement, missions en junior-entreprise et formules en apprentissage viennent compléter cet ancrage terrain.

Repère

Les **droits annuels d'inscription** sont d'environ 610 € dans les écoles sous tutelle du ministère de l'Enseignement supérieur, majoritaires. Pour les autres écoles publiques, ils varient de 1 500 € à 2 750 €. Dans les établissements privés, ils peuvent atteindre 9 000 € l'année.

Info@

www.onisep.fr/ecoles_ingenieurs Sur la sélection et l'organisation en école d'ingénieurs.

www.onisep.fr/classes_prepa Sur le fonctionnement des prépas.

Où suivre un cursus ingénieur en biologie ?

Près de 10 % des ingénieurs ont suivi une spécialité en agronomie ou sciences du vivant, ce qui en fait la quatrième spécialité la plus suivie. Différentes voies permettent de se créer un profil biologie.

- Une poignée d'**écoles**, en 3 ou 5 ans, sont **dédiées à la biologie** : l'École de biologie industrielle (EBI), l'École supérieure de biotechnologie de Strasbourg (ESBS), l'École nationale supérieure de technologie des biomolécules de Bordeaux (ENSTBB), l'Institut supérieur d'ingénieurs de Franche-Comté (ISIFC, pour le génie biomédical), l'Institut supérieur des biosciences (ISBS).

- Des **écoles généralistes ou polyvalentes** proposent également des spécialités en biologie en cycle ingénieur : en biosciences à l'Insa Lyon, en génie biologique ou biomédical dans plusieurs Polytech ou à l'UTC...

- Dans les **écoles d'ingénieurs en agronomie ou agriculture** (Agrocampus Ouest, AgroParisTech, EI Purpan...), la biologie occupe une place de première importance.

- Dans les **écoles de chimie**, des spécialités en biologie sont parfois présentes. C'est le cas à l'Ensic, avec la majeure génie des procédés biotechnologiques, et aussi à l'ECPM, avec la spécialité biotechnologies et chimie.

- Enfin, des **stages** ou un **apprentissage** effectués sur le créneau de la biologie peuvent orienter des cursus qui ne sont pas spécialisés, mais relèvent d'un domaine associé comme le génie industriel, par exemple.

Quel accès après le bac ?

La plupart des écoles se regroupent pour organiser des épreuves de sélection communes. Les inscriptions ont lieu en terminale, sur www.admission-postbac.fr le plus souvent. L'admission se fait sur dossier et/ou épreuves écrites, orales et, parfois, entretien de motivation. Parmi les concours donnant accès à des écoles de bio ou d'agro : Geipi-Polytech, Insa, Alpha, Fésia, UT... Sont attendus un niveau scientifique solide (sciences de la vie et de la Terre, physique-chimie, maths), une bonne culture générale, parfois une ébauche de projet professionnel. De plus en plus d'écoles créent des passerelles pour les élèves en réorientation après une 1re année de santé (PACES) ou de prépa scientifique.

Quel accès à bac + 2 ?

Presque toutes les écoles d'ingénieurs recrutent des élèves issus de prépas. Les filières qui mènent plus spécifiquement aux écoles de sciences du vivant sont BCPST (biologie, chimie, physique et sciences de la Terre) pour les bacheliers S, et TB (technologie et biologie) pour les bacheliers STL et STAV. Mais les écoles admettent souvent des élèves venant d'autres prépas.
Par la voie des admissions parallèles, elles sélectionnent aussi sur dossier et/ou épreuves des titulaires d'une L2 (2e année de licence), d'un DUT ou d'un BTS/BTSA, en lien avec la biologie, la chimie ou l'agroalimentaire, selon la filière visée.

Quelle place pour les bacheliers techno ?

La plupart des écoles d'ingénieurs en 5 ans accueillent un petit nombre de bacheliers STI2D et, dans les cursus orientés bio ou agro, des bacheliers STL et STAV. Des sections spécifiques ou des cours de soutien leur sont parfois proposés en 1re année.
Les bacheliers techno peuvent aussi passer par les prépas qui leur sont dédiées. La voie TB (technologie et biologie), par exemple, prépare les STL et STAV aux concours d'entrée d'une vingtaine d'écoles d'ingénieurs du vivant ou génie biologique, avec de bonnes chances de réussite.
Autre voie : commencer par un BTS, un BTSA ou un DUT, et postuler ensuite à l'entrée en école d'ingénieurs. Suivre 1 année de prépa adaptation technicien supérieur (ATS) bio permet d'augmenter ses chances.

Pour quels métiers des sciences de la vie ?

L'éventail des métiers et secteurs auxquels mènent ces cursus ingénieurs est large et dépend des spécialités choisies. Les jeunes diplômés ont accès à l'ensemble des métiers liés à la création d'un produit en biotechnologies, agroalimentaire, cosmétique ou biomédical: recherche et développement (ingénieur R & D, chef de projet), production (ingénieur procédés, responsable qualité, formulateur...), marketing (chef de produit)... Des spécialités plus spécifiques préparent des bio-informaticiens. Ceux qui souhaitent exercer dans la recherche doivent poursuivre en doctorat (bac+8) *(lire p. 90)*.

De la biologie orientée métier

L'avis de Yolande Perrin,

responsable pédagogique du génie biologique à l'UTC Compiègne (60)

« Contrairement au lycée, la grande majorité des cours sont orientés métier : génie des protéines, agroalimentaire, organes artificiels, imagerie médicale... Ils donnent aux élèves des compétences dans le biomédical, en biomatériaux et biomécanique pour travailler par exemple sur les prothèses. S'ils s'orientent vers les biotechnologies, ils ont le choix entre les bioproduits en santé et cosmétique et les technologies innovantes dans l'agroalimentaire. Les élèves sûrs de leur projet peuvent faire leurs deux stages de 6 mois sur la même thématique. Mais je leur conseille plutôt de diversifier leurs expériences, en testant la recherche et le développement, la production... Cela leur ouvrira plus de portes en termes de métiers, d'entreprises et de secteurs. Sachant que le projet de fin d'études mène souvent à une embauche, au moins en CDD. »

LES ÉTUDES DE SANTÉ À L'UNIVERSITÉ à la loupe

Médecine ou pharmacie, il faut prévoir un cursus long à l'université. Tout commence par la 1re année commune aux études de santé (PACES), sanctionnée par un concours très sélectif.

Après le bac
→ de 6 à 11 ans

LE CAP DE LA 1RE ANNÉE

Exigeante, la PACES est composée de sciences fondamentales (biologie, physique, chimie...), de sciences plus « médicales » (embryologie, anatomie...) et de sciences humaines. Compter des programmes lourds et beaucoup de « par cœur ». En décembre en général, une première partie du concours est organisée. Les étudiants ayant réussi cette étape se positionnent sur le(s) concours qu'ils présenteront en fin d'année : médecine, odontologie (dentaire), pharmacie et sage-femme. La seconde partie du concours mêle épreuves communes et spécifiques au(x) concours choisi(s). Le nombre de places par filière est fixé chaque année (*numerus clausus*). En moyenne, seuls 20 % des étudiants passent en 2e année.

MÉDECINE : 9 À 11 ANS

Les 2e et 3e années de médecine constituent une entrée en matière (physiologie, anatomie, pathologie, bactériologie) et comprennent des stages d'initiation. Les 4e, 5e et 6e années sont organisées autour des pathologies, par exemple cardiologie-pneumologie-réanimation, avec des stages à mi-temps à l'hôpital et des gardes à effectuer. À la fin de la 6e année, les étudiants passent les épreuves classantes nationales (ECN). Selon leur place au classement, ils obtiennent la spécialité et la ville où ils feront leur internat. Ce dernier dure, selon les spécialités, 3 à 5 ans, le plus souvent passés en stage.

PHARMACIE : 6 À 9 ANS

Les 2e et 3e années de pharmacie dispensent un tronc commun : systèmes du corps humain, biochimie, biologie humaine et végétale, découverte de la pharmacologie..., avec plusieurs stages en pharmacie. En 4e année, les étudiants choisissent parmi trois filières : officine pour travailler en pharmacie ; industrie-recherche pour intégrer l'industrie pharmaceutique ; internat pour la pharmacie hospitalière, la biologie médicale ou la recherche. En 5e année, ils se partagent entre l'hôpital et l'université. La 6e année est la dernière pour ceux qui ont choisi officine ou industrie. Pour les étudiants en internat (accès sur concours), il reste encore 4 ans d'études.

Repère

Médecin, pharmacien, dentiste ou sage-femme : le **diplôme d'État** qui sanctionne les différentes filières de santé est obligatoire pour exercer.

Info@

www.onisep.fr/etudes_medicales
Zoom sur les quatre filières médicales.

www.onisep.fr/PACES
La PACES : son organisation, le concours, les solutions en cas d'échec...

LES ÉCOLES SPÉCIALISÉES *à la loupe*

Après le bac
→ en 2 à 5 ans

Après un bac + 2
→ en 1 à 3 ans

Une dizaine d'écoles spécialisées, privées pour la plupart, proposent des formations aux métiers de la biologie. Souvent très ciblées, elles sont donc réservées aux élèves qui ont un projet précis.

DES FORMATIONS SUR MESURE

Accessibles après le bac ou après un bac + 2, pour une durée de 1 à 5 ans… la diversité règne dans les formations proposées par les écoles spécialisées. Leur point commun : elles débouchent le plus souvent sur des certificats d'écoles qui ciblent un métier et/ou un secteur d'activité particulier. Quelques exemples : technicien de laboratoire, technico-commercial, chef de projet en biotechnologies, formulateur, biostatisticien… Mieux vaut donc avoir un projet professionnel mûr pour y entrer, d'autant qu'elles n'offrent souvent pas de niveau de sortie intermédiaire ni d'équivalences pour changer de voie en cours de route. Privées en grande majorité, elles affichent des frais de scolarité qui peuvent monter jusqu'à 7 600 € l'année.

BIOLOGIE ET CULTURE ENTREPRISE

Tous les cursus abordent les fondamentaux scientifiques : maths, physique, statistiques, informatique et chimie. Ensuite, la biologie devient de plus en plus centrale et se découpe en sous-disciplines, selon l'orientation du titre préparé : biologie cellulaire et moléculaire, microbiologie, biochimie, génétique, immunologie, botanique… S'y ajoutent des cours en génie industriel pour la production, bases de données, réglementation, formulation… Sans oublier les compétences transversales : communication, gestion de projet, anglais, fonctionnement d'une entreprise, entreprenariat.

UNE PÉDAGOGIE TERRAIN

Dans ces formations, les cours sont assurés au maximum par des pros en exercice qui soumettent à leurs élèves des cas réels rencontrés en entreprise. Au fur et à mesure, la pratique gagne du terrain, dans les travaux pratiques (TP) et les labos de l'école d'abord. Les étudiants y apprennent les gestes techniques de prélèvement et d'analyses propres aux métiers de la paillasse, ainsi que le respect des règles d'hygiène et de sécurité. Puis ils se confrontent aux processus biologiques réels grâce aux stages ou à l'apprentissage, qui leur fait alterner périodes de cours et périodes en entreprise.

Repère

Les candidatures à certaines formations se font dans le cadre de la procédure **Admission post-bac (APB)**.

Info@

Bien s'informer sur la **reconnaissance des diplômes**. Certains titres sont certifiés au niveau bac + 2 ou bac + 3 ou + 4 par le RNCP. Pour en savoir plus, **www.onisep.fr/titres_RNCP**.

Quel profil pour intégrer une école spé en bio ?

- **Au niveau du bac**, ces établissements recrutent une majorité de bacheliers S. Avoir suivi la spécialité sciences et vie de la Terre au lycée peut constituer un plus. Moins nombreux à se présenter, les bacheliers STL (option biotechnologies) sont pourtant acceptés dans la plupart des écoles en sciences du vivant. Selon leur spécialité, certaines écoles ouvrent aussi leurs portes aux bacheliers STAV et ST2S. Les autres bacheliers devront passer par une année de mise à niveau scientifique.
- **À bac + 2 ou + 3**, les écoles recrutent des titulaires d'un BTS, DUT, licence… Ce diplôme doit être orienté biologie, biochimie ou biotechnologies, en lien avec la spécialité de la formation visée.
- Enfin, certaines écoles recrutent des titulaires d'un **bac + 5** pour les former en 1 an sur une spécialité pointue.

Comment s'organise le recrutement ?

L'entrée dans ces écoles s'effectue sur dossier et/ou épreuves écrites ou orales. Lors de l'entretien de motivation, bien connaître le secteur, voire le métier visé peut faire la différence (étude du programme et des débouchés de l'école, visites lors des journées portes ouvertes). La sélection est variable. On compte par exemple trois candidats pour une place pour le master matières premières naturelles cosmétiques de l'Isipca.

À quels métiers préparent ces écoles ?

À elles toutes, les écoles spécialisées couvrent les différents domaines d'application de la biologie.
Certaines se consacrent à un secteur, comme l'Isipca tourné vers la cosmétique et les arômes, l'IMT dédié aux industries pharmaceutique et cosmétique, ou encore l'Isup positionné sur les biostatistiques. SupBiotech est, elle, transversale, puisqu'elle s'intéresse à des domaines aussi variés que l'agroalimentaire, la cosmétique, l'environnement, la santé-pharmacie ou la bio-informatique.
Côté métiers, certaines écoles visent les fonctions phare du secteur : assistant de laboratoire à l'ESTBB et l'ESTBA, métiers de la production à l'IMT, tous les métiers liés à la création d'un produit biotech (recherche et développement, production, marketing-commercial) à SupBiotech. D'autres préparent à des professions de niche, comme le master management des biobanques à l'ESTBB.

Quels sont les critères pour choisir sa formation ?

- La spécialité du titre et les métiers auxquels il prépare, qui doivent correspondre à son projet professionnel ;
- la reconnaissance de l'école par l'État ;
- l'inscription du titre au Répertoire national des certifications professionnelles (RNCP), qui atteste d'un niveau de qualification professionnelle ;
- les frais de scolarité, parfois élevés.

Retrouver toutes les écoles spécialisées p. 136.

PARCOURS D'ÉTUDES

À chacun son chemin

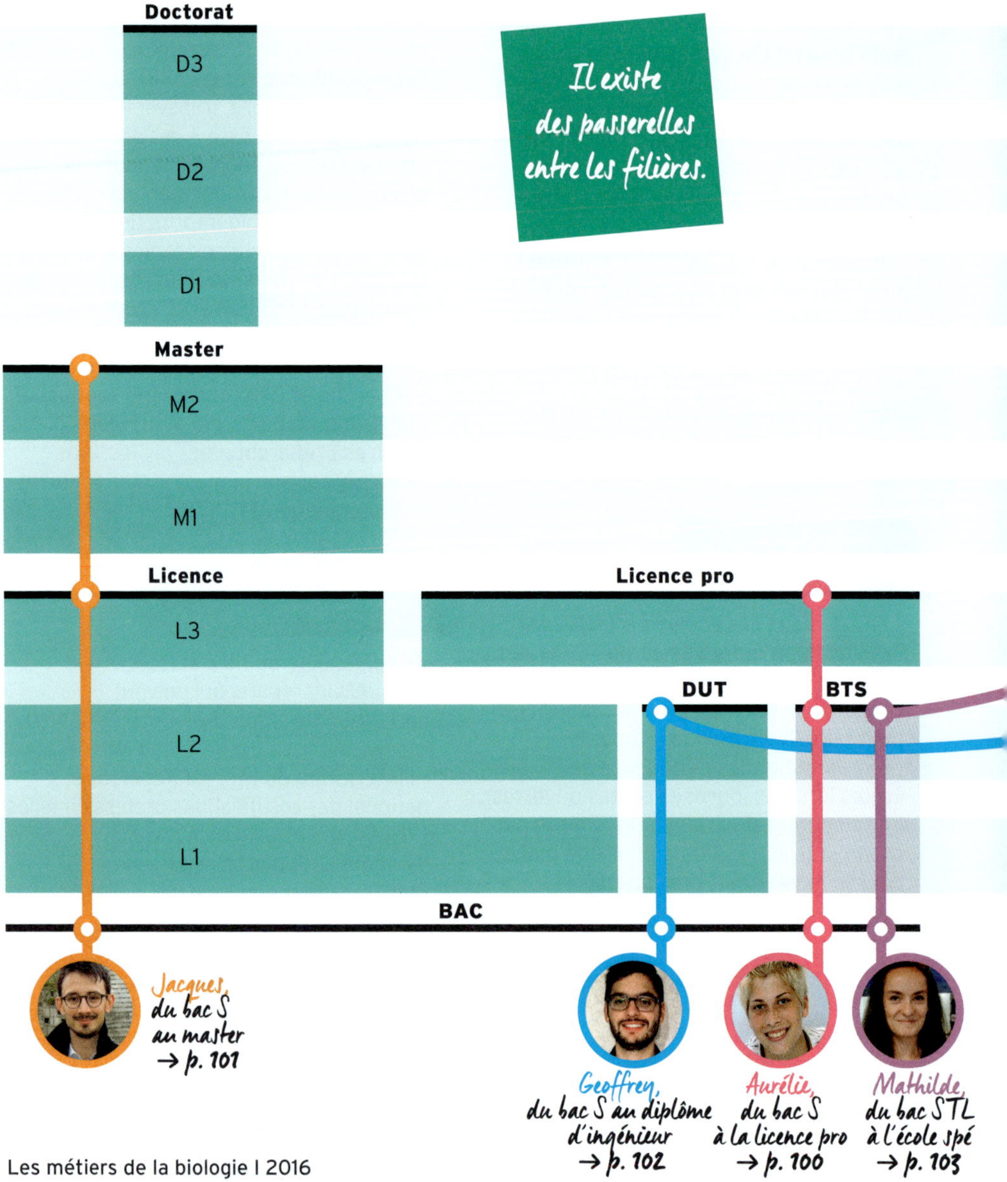

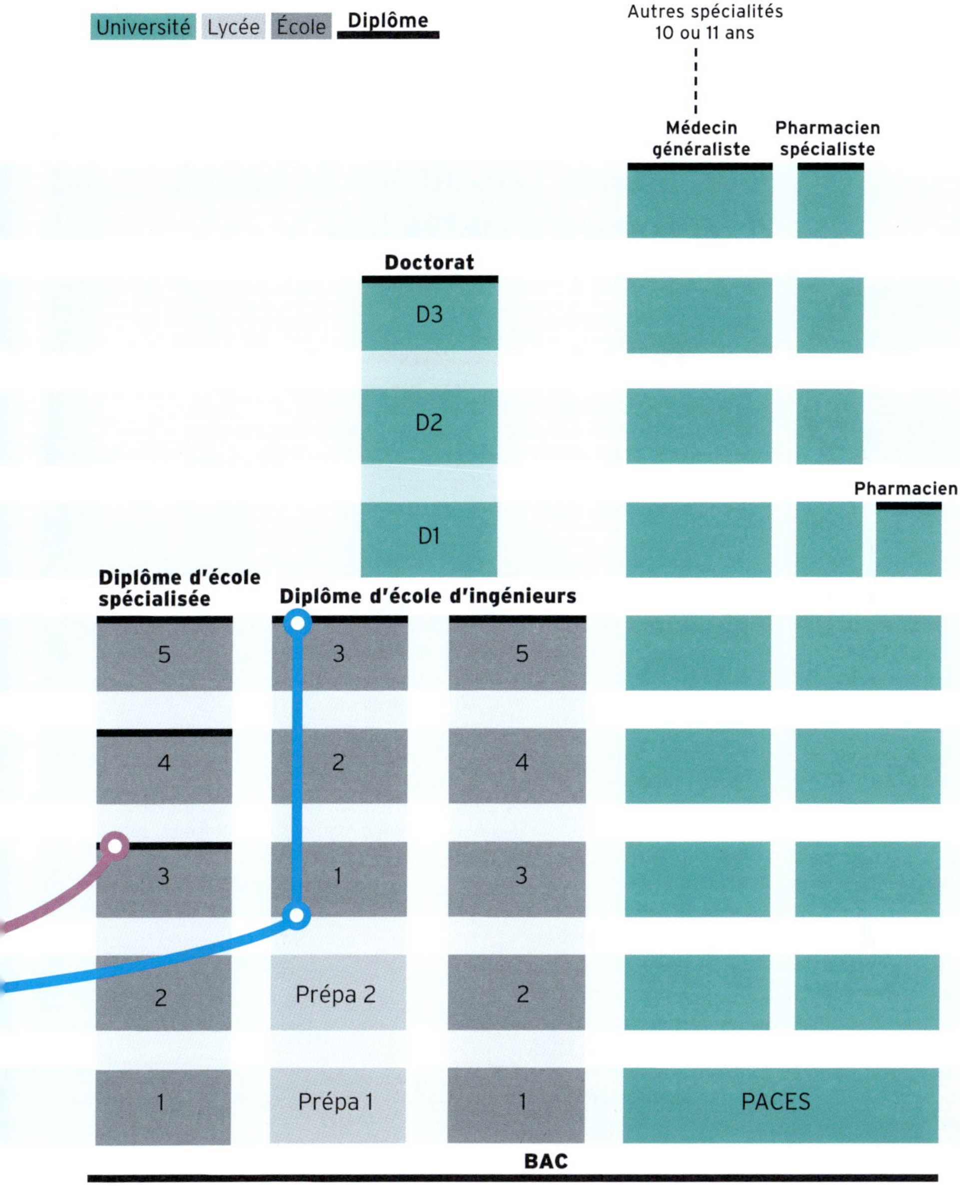

Lexique

BTS : brevet de technicien supérieur
D : doctorat
DUT : diplôme universitaire de technologie
L : licence
M : master
PACES : 1re année commune aux études de santé

VERS UNE LICENCE PRO

« Dès le lycée, j'aimais bien la biologie et les manipulations en labo. »

Aurélie Lafon, 23 ans

1 BAC S

Aurélie prépare un bac S spécialité sciences de la vie et de la Terre sans avoir en tête de projet professionnel précis. *« En terminale, j'ai reçu des documents qui présentaient le BTS bio-analyses et contrôles. J'aimais bien la biologie et les manipulations en laboratoire. En plus, la perspective d'intégrer la police scientifique me séduisait. »*

2 DÉCOUVERTE DÉCISIVE

À son arrivée en BTS, Aurélie est déçue par le manque de manipulations humaines : *« C'est l'appareil qui fait toutes les analyses. »* La jeune étudiante s'enthousiasme, en revanche, pour une nouvelle discipline : la microbiologie. *« C'est du vivant, du tout petit. On étudie les bonnes et les mauvaises bactéries... »* C'est décidé ! Aurélie travaillera en laboratoire dans le contrôle qualité.

3 APPRENTIE EN AGRO

Admise en licence pro microbiologie industrielle à Paris, elle décroche, non sans mal, une place en apprentissage dans une entreprise de production de ferments lactiques, en Eure-et-Loir. *« On m'a confié beaucoup de missions, comme réaliser des analyses pour tester la conservation des ferments. »* Cette première expérience réussie lui confirme son envie d'intégrer l'agroalimentaire. Mais, désireuse de ne pas s'éloigner de Paris, Aurélie doit élargir ses candidatures à d'autres secteurs.

3 mois après l'obtention de son diplôme, la jeune technicienne signe un CDD avec un labo de contrôle d'une société pharmaceutique spécialisée dans les anesthésiques dentaires et située en région parisienne. ***« Quand j'effectue certains prélèvements, j'enfile une combinaison intégrale, d'où aucun bout de peau ne dépasse. L'exigence et les contrôles qualité sont plus poussés qu'en agroalimentaire. »***

VERS UN MASTER

« Associer la science au marketing m'a permis de trouver ma voie. »

Jacques Durand, 22 ans

1 HÉSITATIONS

En terminale S, Jacques se passionne pour les cours de biologie, notamment ceux sur le corps humain. *« Étudier la médecine m'aurait plu, mais je ne me voyais pas devenir médecin. »* Après avoir testé les arts du spectacle, la psycho et le sport à la fac, il s'inscrit finalement en sciences de la vie, 2 mois après la rentrée.

2 LICENCE BIO

Sa voie trouvée, Jacques se passionne pour les enseignements en biologie cellulaire et physiologie humaine. *« La fac me convenait car je préférais la réflexion à la technique. »* Par curiosité, il découvre le marketing grâce à une option proposée en L3. *« Cela m'a plu dès les premiers cours ! »*

3 DEUX MASTERS

Afin de renforcer son bagage scientifique, Jacques poursuit 1 an en master nutrition et santé avant de signer son engagement dans le marketing avec un master biologie et gestion. Pour y être admis, il s'est formé au marketing avec des cours en ligne. Un premier stage comme assistant responsable marketing à Londres dans une société de services de santé le conforte dans son orientation.

4 MARKETING CONFIRMÉ

À la fac, les projets en agroalimentaire, cosmétique et santé s'enchaînent. C'est dans le marketing santé que Jacques s'épanouit. Il réalise un second stage en tant que chef de produit dans un groupe pharmaceutique : *« Il faut utiliser le bon produit, à la bonne dose, au bon moment et pour le bon patient. »*

5 ÉTOFFER SON CV

Pour décrocher un poste dans l'industrie de la santé, Jacques dispose de trois atouts : une double compétence scientifique et commerciale, un prix innovation marketing en équipe remporté dans un concours national et une expérience de président de l'association Corporation biologie gestion.

VERS UNE ÉCOLE D'INGÉNIEURS

« Mes entretiens de recrutement m'ont confirmé la plus-value de l'apprentissage. »

Geoffrey Hiler, 24 ans

1 DUT GÉNIE BIOLOGIQUE

C'est au cours de journées portes ouvertes que Geoffrey, en terminale S, découvre le DUT génie biologique option industries agroalimentaires et biologiques : *« Le processus de transformation des aliments, illustré sur place, et la perspective d'obtenir un diplôme qui me permettrait de travailler au bout de 2 ans m'ont décidé à m'inscrire. »*

2 ENVIE DE POURSUIVRE

Par chance, ce cursus lui plaît. En particulier la partie industrielle du programme, avec les cours d'automatismes, de physique et d'électrotechnique, qui lui donnent envie de poursuivre en école d'ingénieurs.

3 SÉLECTION RÉUSSIE

Convaincu des avantages de l'apprentissage, Geoffrey vise les formations proposant cette formule. À l'ENSCPB* de Bordeaux, il réussit les tests de maths et d'anglais, ainsi que l'entretien de motivation. Il envoie sa candidature à une cinquantaine d'entreprises avant de signer un contrat d'apprentissage avec une usine de jus de fruits, étape indispensable pour valider son inscription.

4 APPRENTI INGÉNIEUR

Petit à petit, la formation se recentre sur le management de la production industrielle, la qualité, la transformation industrielle des céréales et du lait... *« La plupart des intervenants sont des pros qui nous transmettent des méthodes éprouvées sur le terrain. »* Geoffrey passe de plus en plus de temps dans son entreprise, où il participe à la création d'un atelier de préparation de jus de fruits.

Quelques semaines après l'obtention de son diplôme, Geoffrey décroche un CDD de chef d'équipe dans une entreprise de transformation de foie gras : *« Mes entretiens d'embauche m'ont confirmé la plus-value de mes 3 ans d'apprentissage. »*

* ENSCPB : École nationale supérieure de chimie et de physique de Bordeaux.

VERS UNE ÉCOLE SPÉCIALISÉE

« Dès le BTS, j'ai su que je voulais poursuivre mes études en alternance. »
Mathilde Poinsot, 21 ans

1 BAC STL : OBJECTIF LABO

Davantage attirée par la biologie que par les maths en 2de, Mathilde écarte très vite la filière S pour s'engager en STL. *« Les travaux pratiques, le côté concret du laboratoire, voilà ce que je préférais. »* Elle envisage déjà de poursuivre en BTS ou en DUT plutôt que d'aller à l'université, trop théorique à son goût.

2 BTS DANS LA CONTINUITÉ

« Après le bac, j'ai opté pour un BTS bio-analyses et contrôles parce que le programme comportait les mêmes matières qu'en STL, mais aussi beaucoup de TP. » Autre critère de choix : la dimension généraliste de la formation. *« Je ne voulais pas me fermer des portes. Ce diplôme présentait l'avantage de conduire aussi bien au secteur pharmaceutique que médical ou agroalimentaire. »*

3 PLONGÉE EN ENTREPRISE

Les deux stages de 6 et 8 semaines qu'elle effectue dans un service hospitalier lui permettent d'apprécier à la fois le monde du travail et celui de la santé. *« Ces expériences ont aussi confirmé que j'arrivais à m'intégrer à un poste de technicien. »*

4 1 ANNÉE EN PLUS

« Dès le BTS, j'ai su que je voulais poursuivre mes études en alternance. C'est fortement conseillé pour trouver du travail. » Après avoir postulé dans plusieurs licences, Mathilde décroche son ticket d'entrée en 3e année de formation de technicien de laboratoire à l'ESTBB*. 2 mois sur 4 se déroulent en recherche et développement chez Yoplait. *« J'aime être la majorité du temps dans un labo et pas derrière un ordinateur. Poursuivre en école d'ingénieurs ne me tentait pas. »*

Quand Yoplait lui propose un CDI de technicienne, Mathilde n'hésite pas. Au programme : analyse de ferments, rédaction de protocoles, interprétation des résultats.

* ESTBB : École supérieure de biologie, biochimie, biotechnologies (Lyon).

EMPLOI

LES EMPLOYEURS DU SECTEUR

Présente dans la santé, les cosmétiques ou l'agroalimentaire, la biologie se décline chez des acteurs qui ont des objectifs, des statuts et des dimensions variables. Panorama.

LABOS PUBLICS

La biologie figure en bonne place au sein de la recherche scientifique qui, dans son volet public, se déploie autour de quelques organismes phare. Multidisciplinaire, le Centre national de la recherche scientifique (CNRS) rassemble les plus gros effectifs de chercheurs, mais aussi d'ingénieurs et de techniciens. Dans le champ de la biologie, on trouve également l'Institut national de la santé et de la recherche médicale (Inserm), l'Institut national de la recherche agronomique (Inra), ou encore des fondations (Pasteur, Curie...). Toutes ces structures collaborent avec les laboratoires de recherche des universités et les centres hospitaliers. Ces derniers animent la recherche clinique qui vise à développer de nouveaux traitements et médicaments. Leurs laboratoires de biologie médicale, qui effectuent des analyses servant au diagnostic, contribuent également à l'activité de recherche.
Des partenariats, autour d'une problématique commune, sont fréquemment noués entre ces acteurs de la recherche publique et les services recherche et développement (R & D) des entreprises intéressées.

GRANDS GROUPES

Sanofi, Danone, Lactalis, L'Oréal... point commun à ces poids lourds ? Ils représentent les industries où la biologie est attendue : agroalimentaire, santé, cosmétiques... Ils se caractérisent aussi par leur envergure, le plus souvent internationale. Enfin, ils font tous appel à des activités de conception, de production et de vente, avec en permanence un œil sur les démarches qualité et la traçabilité.
Secteur économique de premier plan, les industries agroalimentaires comptent plus de 10 000 entreprises, dont de grands groupes spécialisés dans les produits laitiers, la filière viande ou la transformation de fruits et légumes. L'industrie pharmaceutique réunit 400 entreprises. Là encore, se distinguent quelques groupes internationaux, qui développent, fabriquent et commercialisent des médicaments, des vaccins et de nouvelles solutions thérapeutiques. Enfin, la filière cosmétique, au cœur des industries du luxe, mobilise 1500 entreprises.

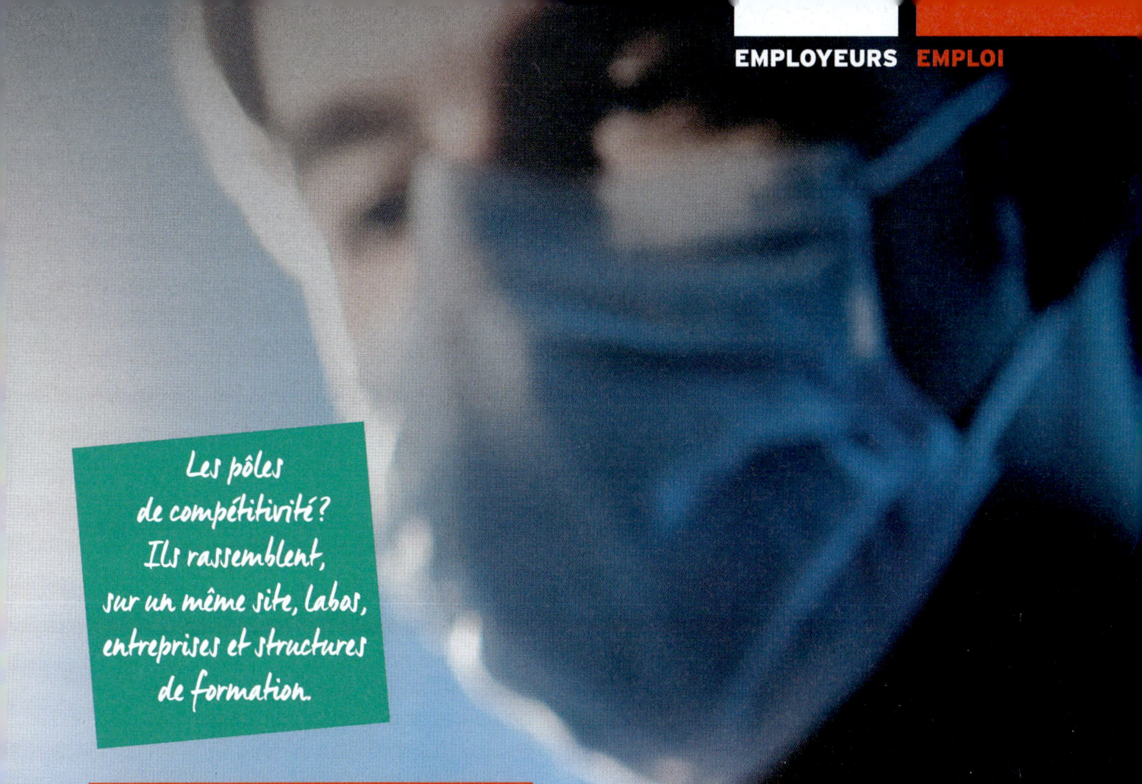

Les pôles de compétitivité ? Ils rassemblent, sur un même site, labos, entreprises et structures de formation.

PME ET START-UP

À une autre échelle que les grands groupes, mais sur les mêmes secteurs (santé, agroalimentaire, cosmétiques...), évoluent de nombreuses PME et jeunes entreprises innovantes, appelées start-up. Ainsi, près de 66 % des entreprises spécialisées dans la recherche et le développement de biotechnologies emploient moins de 20 salariés. Alors que certaines de ces entreprises proposent leurs services à des sociétés plus grosses qui font appel à de la sous-traitance (réalisation d'analyses, phase de recherche clinique, formulation de produits, développement de principes actifs...), d'autres développent leur propre activité de recherche ou de production.

BUREAUX, CABINETS...

Côté santé, outre les laboratoires d'analyses médicales, figurent les sociétés de recherche sous contrat qui réalisent des études pour le compte de laboratoires pharmaceutiques, de sociétés en biotechnologies, mais aussi des hôpitaux et des organismes de recherche.
On peut distinguer également les bureaux d'études qui officient souvent dans le domaine de l'environnement, employant, par exemple, des hydrobiologistes, et les cabinets de propriété industrielle, qui agissent comme prestataires auprès de clients pour protéger une invention.

LES COMPÉTENCES ATTENDUES

Le candidat idéal pour travailler dans la biologie est doté d'une solide expertise dans un domaine scientifique ou technique. Mais il doit posséder d'autres cordes à son arc pour se démarquer.

Anglais
Lu, écrit, parlé

Dans l'industrie comme dans la recherche publique, beaucoup de professionnels utilisent l'anglais au quotidien, à l'oral et à l'écrit. Mener une discussion technique pointue avec des collaborateurs non francophones n'est, en effet, pas rare. *« Toutes les publications scientifiques sont en anglais, de même que les conférences où nous devons présenter nos résultats devant une salle de 200 personnes »*, souligne Jean-Claude Platel, chercheur pour l'Institut national de la santé et de la recherche médicale (Inserm). Ingénieure brevet dans un cabinet de propriété industrielle, Ludivine Decobert manie la langue de Shakespeare « 90 % de son temps ». Et d'ajouter : *« Dans mon métier, avoir des notions d'allemand constitue aussi un atout pour échanger avec l'Office européen des brevets. »*

Veille scientifique
Se tenir à jour

« Nous avons le devoir de nous informer sur ce qui se fait de nouveau dans nos domaines pour pouvoir l'appliquer au quotidien », prévient Rachel Torchet, bio-informaticienne. Une veille qui prend du temps car elle suppose la participation à des congrès scientifiques plusieurs fois par an, la lecture assidue de revues scientifiques ou encore un travail régulier de bibliographie. *« La biologie évolue très vite. Je dois me tenir au courant des derniers résultats des protocoles, des avancées dans les soins aux malades et des progrès thérapeutiques concernant les maladies spécifiques prises en charge par l'hôpital où j'exerce »*, confirme Laure Bourguignat, biologiste médicale à l'Établissement français du sang. Pour rester à la page, les pros peuvent aussi compter sur la formation continue.

Communication
Faire circuler l'info

Parce qu'ils font partie d'une équipe qui planche sur un projet innovant ou en relation directe avec des clients, les biologistes échangent énormément. À divers niveaux : technicien, ingénieur, chercheur, chef de projet... Tous les moyens sont bons pour garder le contact : mails, téléphone, visioconférences, réunions, discussions entre deux portes, participation à des colloques scientifiques... Au centre des débats, la science et les techniques, bien sûr, mais aussi des questions sur l'organisation, les délais, la sécurité, les commandes de matériels, le management ou encore le financement.

© PEOPLEIMAGES/ISTOCK.COM

Manipulations
100 % de précision

Qu'ils fassent de la recherche, des analyses médicales ou des mélanges pour créer un produit, tous ceux qui exercent à la paillasse doivent faire preuve d'une grande rigueur. Travailler à l'échelle de la cellule ou de la molécule, réaliser des coupes de tissus vivants... cela demande habileté et minutie. D'autant que le moindre écart peut fausser complètement le résultat d'une expérience. *« Pour tirer des conclusions statistiques fiables sur l'effet d'un produit, je dois connaître le nombre exact de cellules que j'ai ensemencées au départ »*, explique Maëva, technicienne de laboratoire chez Sederma. Les gestes, mesures et dosages doivent donc être extrêmement précis et la concentration sans faille.

Réglementation
À suivre à la lettre

Impossible d'évoluer dans le secteur de la biologie sans connaître sur le bout des doigts les réglementations et être capable de s'adapter à ces *« lignes directrices qui évoluent constamment »*. Chargé d'impulser des procédés innovants, un ingénieur production doit, par exemple, prendre en compte les dernières normes environnementales. Pour développer de nouveaux cosmétiques, le formulateur prend soin de sélectionner des matières premières qui respectent la réglementation mondiale. Quant au chargé d'affaires réglementaires, il veille à ce que les médicaments répondent aux exigences de la législation pharmaceutique tant au niveau national qu'international.

LES TENDANCES DU RECRUTEMENT

Course à l'innovation, respect des règles d'hygiène, exigences environnementales... si les postes sur concours dans le public restent limités, le secteur privé de la santé et de l'agroalimentaire offre de belles opportunités.

La recherche, au compte-gouttes

Enseignants-chercheurs, professeurs de SVT, chercheurs, ingénieurs, techniciens... le secteur public a besoin de tous ces profils en biologie. Mais les concours offrent peu de places. En 2014, le Centre national de la recherche scientifique (CNRS), principal organisme de recherche en France, n'a recruté que 287 chercheurs et 289 ingénieurs et techniciens, toutes disciplines confondues. Autre exemple: la même année, l'Institut national de la recherche agronomique (Inra) a accueilli 136 ingénieurs, cadres et techniciens... pour près de 4 000 candidatures!
Pour l'enseignement secondaire, les candidats sont presque logés à la même enseigne *(lire p. 53)*. Les enseignants-chercheurs doivent, quant à eux, postuler directement aux concours ouverts dans chaque université ou école d'ingénieurs. Avant de décrocher un poste, la plupart de ces candidats enchaînent les CDD dans le public, cette période transitoire ayant tendance à s'allonger d'année en année.

Quand biologie rime avec industrie

Les industries pharmaceutiques font partie des entreprises qui investissent le plus dans la recherche et le développement (R & D). Les profils bac + 5 (diplôme d'ingénieur, master universitaire) à bac + 8 (doctorat en biologie ou biochimie) y trouvent donc leur place, à condition de faire valoir une spécialité en biologie appliquée (biotechnologies, microbiologie, génomique...). Même s'ils sont en concurrence avec les diplômés de pharmacie.

Recherche et innovation constituent également un levier de compétitivité pour les entreprises agroalimentaires. Chargés de recherche et ingénieurs travaillent notamment sur les micro-organismes susceptibles d'affecter les produits biologiques. Objectif: améliorer la qualité et le rendement, diversifier la production.

Si les techniciens bac + 2 (BTS, DUT) ont des chances d'intégrer ces deux secteurs dans la R & D et la production, la tendance est toutefois à une élévation du niveau de qualification à bac + 3 (licences pro).

58 %

de femmes parmi les chercheurs en entreprises pharmaceutiques.

Source : ministère chargé de l'Enseignement supérieur et de la Recherche, 2015.

87 %

des pros des entreprises des sciences du vivant ont un bac + 3 ou plus.

Source : France Biotech, Panorama 2013.

48 %

des ingénieurs diplômés en SVT, agroalimentaire, agronomie et chimie sont en CDI.

Source : Association pour l'emploi des cadres (Apec). Enquêtes 2013 et 2014.

Au nom de la qualité et de la sécurité

La réglementation, la concurrence et la rentabilité ont favorisé l'émergence de fonctions liées à la sécurité, à la qualité et à l'environnement au sein des entreprises. Industries de la santé, des cosmétiques, de l'agroalimentaire, toutes sont concernées par ces évolutions. Elles font donc appel à des spécialistes du risque (chargés d'hygiène, sécurité et environnement ; techniciens de laboratoire bactériologique ; chargés d'affaires réglementaires ou de pharmacovigilance…) et à des experts de la qualité (du contrôleur au responsable).

Le filon cosmétique

Si l'industrie cosmétique embauche beaucoup de chimistes, elle ne néglige pas les biologistes. Au contraire, les sciences du vivant trouvent de nombreuses applications dans ce domaine. Développer de nouveaux ingrédients, tester l'effet de nouvelles molécules et formules sur des tissus humains recréés en laboratoire, vérifier l'absence d'allergènes, évaluer l'efficacité des produits… les activités faisant appel à la biologie ne manquent pas, impliquant des chercheurs, des chefs de projet, des responsables qualité, des formulateurs…

La demande en bio-informaticiens va crescendo, dans le privé comme dans le public.

MES DÉBUTS DANS UN LABO D'ANALYSES

Anthony Alix,
technicien en analyses biomédicales chez Biomnis

CV

- Bac STL
- BTS bio-analyses et contrôles

Le domaine qui attirait Anthony ? Le médical. Objectif atteint puisqu'il intervient aujourd'hui à la paillasse autour du diagnostic et du traitement de la tuberculose. Tout a commencé par une prise de contact réussie lors de son BTS bio-analyses et contrôles.

Son conseil !

« Bien choisir ses stages, autrement dit un labo dont l'activité est susceptible de nous plaire sur le long terme. Laisser une bonne impression pour qu'on pense à nous quand un poste se libère. »

Entrée en matière

Pour son premier stage de BTS, son père, qui exerce dans la police scientifique, le met en lien avec le laboratoire d'empreintes génétiques Biomnis, spécialisé dans l'étude des traces d'ADN pour des enquêtes criminelles. Par chance, Anthony a planché sur l'ADN et l'utilisation d'automates lors de sa formation : il décroche son ticket d'entrée. Satisfait de son travail, le groupe lui propose un second stage, cette fois orienté vers la recherche.

Des stages au CDD

Son BTS en poche, Anthony envoie des candidatures spontanées à différents laboratoires, dont Biomnis. Il s'apprête aussi à contacter des boîtes d'intérim quand ce dernier lui propose un CDD de 18 mois. *« Mes évaluations de stages étaient très positives sur mes qualités techniques et pratiques. »* Le jeune diplômé commence sa vie professionnelle au labo des mycobactéries, qui analyse des prélèvements pour diagnostiquer la tuberculose. *« Un technicien m'a formé pendant 4 semaines, en me montrant comment se déroulait chaque journée. »*

Maîtriser les risques

Embauché dans la foulée en CDI, Anthony est initié aux protocoles des trois autres postes sur lesquels il tourne avec les 17 techniciens du labo. Cela passe notamment par la sécurité : *« Avec les échantillons tuberculeux, il y a énormément de précautions à prendre pour ne pas être contaminé. Je travaille régulièrement avec une combinaison intégrale, un masque et une double paire de gants. »*

MES DÉBUTS DANS UNE ENTREPRISE

Hélène Saleh, manager R & D dans une entreprise agroalimentaire

CV

Prépa biologie, chimie, physique et sciences de la Terre (BCPST)

Diplôme d'ingénieur formulation alimentaire de l'Ensaia*

Recrutée dès sa sortie de l'école d'ingénieurs, Hélène a vite gravi les échelons au service recherche et développement (R & D) d'une grande marque de l'industrie agroalimentaire. De la chance, mais aussi le fruit d'une stratégie bien calculée.

Un stage chez un grand nom

Un critère a aiguillé Hélène dans sa recherche de stage de fin d'études : cibler une entreprise reconnue dans le secteur de l'agroalimentaire pour pouvoir faire valoir cette expérience partout ailleurs. Parmi ses nombreuses candidatures figure un grand nom de l'agroalimentaire. Elle répond à une offre directement sur le site Internet de l'entreprise. L'initiative se révèle payante : elle décroche un stage de 5 mois comme chef de projet R & D.

Saisir les occasions

Vêtue d'une blouse et d'une charlotte, Hélène passe le plus clair de son temps en cuisine pour s'exercer à la formulation. Le départ en congé maternité d'une collègue lui permet d'accéder à un CDD. *« Mon stage était très complet : il n'y avait pas besoin de me former. »* Plus tard, quand son responsable de stage quitte la société, elle postule. *« Il m'a encouragée. Malgré ma petite expérience, mon profil a plu car j'étais initiée aux logiciels utilisés dans l'entreprise et je connaissais déjà mes collègues. »*

Monter en compétences

Diplômée depuis 1 an, Hélène supervise désormais une équipe de quatre salariés. Ses missions ont évolué : dégustations au laboratoire, validation des listes d'ingrédients, vérification de la qualité des matières premières... *« Je participe aussi régulièrement à des rencontres internationales avec d'autres services R & D du groupe. »*

Son conseil !

« Le CV et la lettre de motivation doivent être soignés et adaptés à l'entreprise visée. Bien mettre l'accent sur les projets réalisés en groupe pluridisciplinaire, les compétences linguistiques et les séjours à l'étranger. »

* Ensaia : École nationale supérieure d'agronomie et des industries alimentaires (Nancy).

MES DÉBUTS DANS UN BUREAU D'ÉTUDES

Vincent Berthon,
hydrobiologiste chez Aquabio

CV

- Licence en biologie-géologie-chimie
- Master en écologie et éthologie
- Doctorat en hydrobiologie et paléolimnologie

Son conseil !

« Respecter un planning et des missions précises est important non seulement pour les clients, mais aussi vis-à-vis de ses collègues, car cela crée une vraie dynamique d'équipe. »

« Enfant, le mercredi après-midi, je n'allais pas au foot : je faisais des prélèvements sur le terrain avec mon père. » Des années plus tard, Vincent suit l'exemple paternel et devient, à son tour, hydrobiologiste.

Une thèse comme tremplin

Ses années de doctorat à l'Institut national de la recherche agronomique (Inra) de Thonon-les-Bains lui ont donné une première approche du métier, côté public. *« En thèse, il faut maîtriser les outils de A à Z, être autant la petite main que celui qui va interpréter et analyser. »* Vincent a donc endossé plusieurs casquettes : naturaliste partant sac au dos pour prélever dans une rivière, laborantin en blouse blanche, homme de bureau réalisant des tests statistiques et rédigeant des articles. Sans oublier les actions de communication menées auprès des pêcheurs, des agriculteurs...

L'opportunité du privé

À l'issue de sa thèse, Vincent croise la route d'un collègue exerçant dans une société coopérative qui cherche à recruter pour un remplacement de congé maternité. *« J'ai découvert un autre monde dans lequel la rentabilité et la réactivité comptent beaucoup. Il faut être capable de trouver des moyens d'analyse efficaces. »* Sans perdre de vue son objectif : *« À mon échelle, je dois faire en sorte que la qualité des cours d'eau s'améliore. »*

S'adapter aux besoins

Autres nouveautés pour Vincent : une meilleure planification des tâches et de la formation en interne. *« Je n'avais jamais fait de pêche électrique, par exemple. Or, dans une entreprise, il faut pouvoir assumer d'autres fonctions en cas de besoin. »* Vincent a aussi participé à un projet de recherche initié par son employeur.

MES DÉBUTS DANS UNE START-UP

Julien Gardès,
gérant de Biomanda

CV

- Licence et master en biosciences
- Doctorat en bio-informatique avec la Direction générale de l'armement (DGA)

À l'issue de sa thèse en bio-informatique, Julien se tourne vers le privé, faute de perspectives dans le public. Il a déjà en tête le projet de créer sa boîte.

Une PME pour apprendre

Pour faire ses armes, il passe 2 années comme responsable de projet chez Ceeram, un laboratoire nantais spécialisé dans l'identification génétique des virus et bactéries. *« J'ai visé une petite structure car c'était l'occasion de se voir confier des tâches valorisantes et d'acquérir un maximum d'expérience dans le développement des affaires, l'encadrement... »* Autant de compétences que Julien n'avait pas acquises lors de sa formation.

Utiliser son réseau

Fort des conseils de son patron et de son ancien directeur de thèse, Julien se lance. *« Dans le cadre de mon doctorat, j'avais participé à des journées de l'innovation durant lesquelles on fait beaucoup de rencontres. Grâce à ce réseau, j'ai su trouver très vite les bonnes personnes, évaluer les besoins du marché et commencer à chercher des clients potentiels. »* Son doctorat lui ouvre aussi les portes de l'incubateur PACA-Est. À la clé: un accompagnement dans sa recherche de locaux et de financement, des formations en management et marketing...

Communiquer et persévérer

« Le démarrage d'une entreprise est assez lourd, mais je m'y attendais. Je suis toujours en train de remplir des dossiers... » À cela s'ajoute la communication indispensable pour se faire connaître. *« Je passe beaucoup de temps à l'extérieur, à rencontrer des clients pour leur montrer ce que Biomanda est capable de faire. Il faut beaucoup de pédagogie, car les gens connaissent mal la bio-informatique. »*

Son conseil !

« Il faut être organisé pour mener de front les aspects scientifiques et commerciaux d'un projet. Et tenace, car il y a des hauts et des bas. »

GUIDE PRATIQUE

PRÉPARER SON ENTRÉE DANS LE SUPÉRIEUR

Dès la classe de 1re, commencez à construire votre parcours étape par étape.

Classe de 1re

SEPTEMBRE À DÉCEMBRE

→ Engagez le **dialogue** avec l'équipe éducative de votre établissement (professeur principal, conseiller d'orientation-psychologue, etc.).

→ Participez aux **actions d'orientation et d'information** organisées dans votre lycée.

→ Profitez des **salons d'orientation** ou des **conférences thématiques** organisés dans votre région pour démarrer la réflexion en famille, en parallèle de l'accompagnement effectué en classe.

→ Sur **www.onisep.fr**, consultez ***Après le bac, choisir ses études supérieures*** de votre région. Outre une présentation des filières du supérieur, il permet de repérer les manifestations souvent destinées à la fois aux élèves de 1re et de terminale, et de parcourir toute l'offre de formation dans votre académie, avec indication des cursus publics et privés. Pour une information plus approfondie sur telle ou telle filière, consultez l'onglet « Après le bac » sur **www.onisep.fr**. Un traitement bac par bac vous est également proposé.

→ Pour une réflexion autour de vos centres d'intérêt et le choix de votre formation, prenez rendez-vous dans le **centre d'information et d'orientation (CIO)** le plus proche de chez vous.

DÉCEMBRE À FÉVRIER

→ Universités, centres de formation d'apprentis (CFA), écoles... tous les établissements organisent certains week-ends des **journées portes ouvertes (JPO)** destinées aux lycéens.

Retrouvez les dates des journées portes ouvertes sur **www.onisep.fr**, dans l'espace de votre région ou sur le site de votre rectorat.

→ Des **journées d'immersion** permettent également d'aller seul ou avec sa classe à la découverte des universités. C'est l'occasion de rencontrer étudiants et enseignants, de suivre certains cours, de percevoir l'ambiance de travail. Une découverte à poursuivre ensuite en terminale.

→ L'accès à l'immense majorité des places dans le supérieur est régi par la **procédure nationale d'admission post-bac**. Renseignez-vous sur les modalités, le calendrier, etc.

Classe de terminale

SEPTEMBRE À DÉCEMBRE

→ En préparation des inscriptions, repérez sur **www.onisep.fr/APB** les filières dont l'inscription s'effectue *via* la procédure Admission post-bac.

→ **Inscription hors APB.** Le portail Admission post-bac ne concerne pas certaines formations. Il vous faut alors prendre contact directement avec les établissements concernés pour connaître les dates et les modalités d'inscription. C'est le cas, en 2015, pour les inscriptions en bi-licences à l'université, en instituts d'études politiques (IEP), à certaines écoles d'ingénieurs, à certaines écoles d'art publiques, à certains centres de formation d'apprentis (CFA), aux établissements privés hors contrat. Plus d'infos sur **www.onisep.fr/hors_APB**.

→ Pour des interrogations précises autour d'une filière d'études, n'hésitez pas à poser toutes vos questions par courrier électronique, tchat ou téléphone aux conseillers de l'Onisep *via* son service **www.monorientationenligne.fr**.

DÉCEMBRE À MARS

→ Sur **www.onisep.fr**, consultez ***Après le bac, choisir ses études supérieures*** de votre région. Faites une première sélection à partir de cet outil avant d'effectuer vos vœux sur le site **www.admission-postbac.fr** dès janvier, ou directement auprès des établissements dans certains cas.

→ Si vous visez une formation **en apprentissage**, c'est également la période idéale pour postuler auprès des entreprises et obtenir un contrat d'apprentissage.

→ Complétez cette exploration avec des **visites d'établissements** qui vous permettront d'affiner vos choix et de vous aider à classer les filières d'études par ordre de préférence.

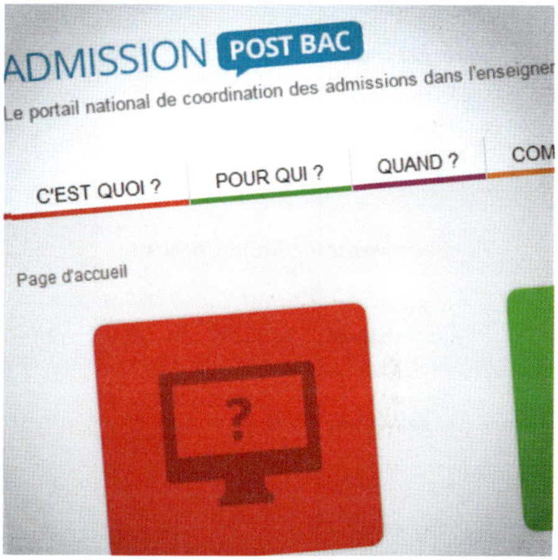

→ Le site **www.admission-postbac.fr** permet aux élèves de terminale d'effectuer des demandes d'inscription dans plusieurs filières du supérieur et de simplifier ainsi les démarches. Dès le mois de décembre, vous y trouvez la liste des formations concernées, le calendrier et les différentes étapes à respecter, les profils particuliers (déjà bachelier, bac à l'étranger). Pour ceux qui visent l'université, vous devez, dans le cadre de l'« orientation active », effectuer une demande de conseil pour des licences visées.

COMPARER LES FILIÈRES

BTS, DUT, master, diplôme d'ingénieur... reportez-vous à ce tableau pour découvrir d'un clin d'œil les caractéristiques des principales filières citées dans cette publication.

	BTS/BTSA	DUT	Licence pro	Licence
Établissement	Section de techniciens supérieurs (STS), en lycée ou en école	Institut universitaire de technologie (IUT), à l'université	Université	Université
Niveau d'admission	Bac	Bac	Bac + 2	Bac
Durée des études	2 ans	2 ans	1 an	3 ans
Accès	Sur dossier, parfois entretien	Sur dossier, parfois entretien	Sur dossier et entretien	Pas de sélection en L1, mais avoir un profil adapté à la filière
Stages	8 à 16 semaines	10 semaines	12 à 16 semaines	Facultatifs le plus souvent
Apprentissage	Oui (offre variable selon les spécialités)	Oui (offre variable selon les spécialités)	Oui (offre variable selon les spécialités)	Très rare
Validation	Examen final avec une part de contrôle continu	Contrôle continu	Contrôle continu et/ou examen final	Contrôle continu et/ou examen final
Droits annuels d'inscription*	Gratuit dans le public, variable dans le privé	184 €; gratuit pour les boursiers	184 €; gratuit pour les boursiers	184 €; gratuit pour les boursiers
Poursuite d'études	Pour plus de 50 % des étudiants, mais variables selon les spécialités	Pour plus de 80 % des étudiants	Pour plus de 20 % des étudiants	Le plus souvent, essentiellement en master

* Coûts pour l'année 2015-2016. À noter : les apprentis ne paient pas de frais de scolarité.

	Master	CPGE	Diplôme d'ingénieur	Diplôme de docteur en médecine ou pharmacie
	Université	Lycée	École d'ingénieurs	Université
	Licence	Bac	Bac ou bac + 2	Bac
	2 ans	2 ans	3 à 5 ans, selon le niveau d'admission	6 à 11 ans
	Sur dossier et entretien en M2, voire M1	Sur dossier	Sur épreuves, ou sur dossier et entretien	Sur concours, en fin de PACES
	4 à 6 mois	Non	28 semaines au minimum pendant le cycle ingénieur	Nombreux; à plein temps en internat
	Oui (offre variable selon les spécialités)	Non	Oui (offre variable selon les écoles)	Non, mais les étudiants perçoivent un salaire en avançant dans leur cursus
	Contrôle continu et/ou examen final	Contrôle continu pour passer en 2de année	Contrôle continu	Validation du diplôme d'État et des stages; soutenance de thèse
	256 €; gratuit pour les boursiers	Gratuit dans le public, variable dans le privé	610 € dans la majorité des écoles publiques; jusqu'à 9 000 € dans les écoles privées; gratuit pour les boursiers de certaines écoles	184 à 512 €, selon le niveau
	Variable selon les spécialités, surtout en doctorat	Concours pour intégrer les grandes écoles	Pour 16 % des diplômés (mastère spécialisé, doctorat)	Variable

BTS : brevet de technicien supérieur ; BTSA : brevet de technicien supérieur agricole ; CPGE : classes préparatoires aux grandes écoles ; DUT : diplôme universitaire de technologie ; PACES : 1re année commune aux études de santé.

CARNET D'ADRESSES DES FORMATIONS

Retrouvez toute l'information sur les formations et les établissements mise à jour sur **www.onisep.fr**.

Au sommaire

BTS ET BTSA

Liste des brevets de technicien supérieur (BTS) et du BTS agricole (BTSA) les plus spécifiques de la biologie.
Les formations en apprentissage sont signalées par un **A**.

BTS ANALYSES DE BIOLOGIE MÉDICALE

06 Cannes Lycée J Ferry 04 93 06 52 00 **Public S**
11 Narbonne Lycée Docteur Lacroix 04 68 90 37 50 **Public S**
13 Marseille LT de chimie biologie 04 91 44 60 48 **Pr Sc S**
13 Marseille Lycée M Curie 04 91 36 52 10 **Public S**
28 Dreux Lycée Rotrou 02 37 38 90 00 **Public S**
31 Toulouse Adonis 05 62 20 08 04 **Pr Hc S**
31 Toulouse Lycée S Hessel 05 34 25 52 55 **Public S**
33 Bordeaux Lycée St Louis 05 56 69 35 95 **Public S**
35 Rennes Lycée Bréquigny 02 99 86 82 00 **Public S**
37 Tours Lycée Marmoutier 02 47 88 35 35 **Pr Sc S**
38 Grenoble Lycée L Michel 04 38 12 36 00 **Public S**
44 Rezé Lycée J Perrin 02 40 32 44 00 **Public S**
51 Bétheny Centre de formation Pasteur 03 26 87 88 38 **Pr Hc A**
51 Reims Lycée Libergier 03 26 77 61 61 **Public S**
54 Tomblaine Lycée A Varoquaux 03 83 29 28 35 **Public S ou A**
59 La Madeleine Lycée V Labbé 03 20 63 02 63 **Public S**
59 Lille Adonis 03 20 74 90 40 **Pr Hc S**
59 Lille Lycée Notre-Dame d'Annay 03 20 55 17 75 **Pr Sc S**
60 Nogent-sur-Oise Lycée M Curie 03 44 74 31 31 **Public S**
62 Liévin Lycée H Darras 03 21 72 65 65 **Public S**
64 Pau Lycée St-Dominique 05 59 32 01 23 **Pr Sc S**
67 Strasbourg Lycée J Rostand 03 88 14 43 50 **Public S**
68 Mulhouse Lycée L de Lavoisier 03 89 42 29 95 **Public S**
69 Lyon Lycée La Martinière Duchère 04 72 17 29 50 **Public S**
74 Thonon-les-Bains Lycée St-Joseph 04 50 71 34 43 **Pr Sc S**
75 Paris AFBB 01 48 78 28 24 **Pr Hc A**
75 Paris École supérieure des techniques de biologie appliquée 01 43 71 47 40 **Pr Sc S ou A**
75 Paris ENCPB 01 44 08 06 50 **Public S**
78 Poissy CFA pharmacie, santé, sanitaire et social - ACPPAV 01 39 22 10 60 **CFA privé A**
78 Versailles Lycée M Curie 01 39 24 13 70 **Public S**
79 Niort Lycée de la Venise verte 05 49 32 48 00 **Public S**
83 Hyères Lycée Costebelle 04 94 57 78 93 **Public S**
87 Limoges Lycée R Dautry 05 55 33 46 82 **Public S**
93 Saint-Denis Lycée P Eluard 01 49 71 70 00 **Public S**
94 Cachan Lycée M Sorre 01 47 40 49 60 **Public S**
95 Franconville Lycée J Monnet 01 30 72 46 61 **Public S**
972 Fort-de-France Lycée Bellevue 05 96 61 50 14 **Public S**
974 Le Tampon Lycée R Garros 02 62 57 81 00 **Public S**

BTS BIO-ANALYSES ET CONTRÔLES

01 Ambérieu-en-Bugey Lycée de la Plaine 04 74 38 17 24 **Public S**
06 Grasse Lycée A de Tocqueville 04 93 09 80 92 **Public S**
07 Annonay Lycée St-Denis 04 75 69 28 00 **Pr Sc S**
13 Marseille Lycée M Curie 04 91 36 52 10 **Public S**
14 Caen Lycée J Rostand 02 31 52 19 40 **Public S**
17 La Rochelle Lycée R J Valin 05 46 44 27 48 **Public S**
18 Bourges Lycée J Cœur 02 48 67 83 00 **Public S**
21 Dijon Lycée Le Castel 03 80 76 70 00 **Public S**
27 Évreux Lycée L S Senghor 02 32 28 81 81 **Public S**
31 Balma Lycée Saliège 05 61 24 78 40 **Pr Sc S**
33 Bordeaux Lycée St Louis 05 56 69 35 95 **Public S**
34 Montpellier Lycée J Mermoz 04 67 20 60 00 **Public S**
37 Tours Lycée Marmoutier 02 47 88 35 35 **Pr Sc S**
38 Grenoble Lycée L Michel 04 38 12 36 00 **Public S**
42 Saint-Étienne Lycée H d'Urfé 04 77 57 38 58 **Public S**
49 Angers Lycée J Moulin 02 41 96 63 60 **Public S**
51 Reims Lycée Libergier 03 26 77 61 61 **Public S ou A**
56 Lanester Lycée J Macé 02 97 76 18 73 **Public S**

57 Metz Lycée Georges de la Tour
03 87 66 98 35 **Public S**
59 La Madeleine Lycée V Labbé
03 20 63 02 63 **Public S ou A**
59 Valenciennes Lycée de l'Escaut
03 27 22 11 11 **Public S**
62 Arras Lycée Baudimont St-Charles
03 21 16 18 00 **Pr Sc S**
64 Lescar Lycée J Monod
05 59 77 92 00 **Public S**
67 Strasbourg Lycée J Rostand
03 88 14 43 50 **Public S**
69 Lyon Lycée JB de La Salle
04 72 10 10 30 **Pr Sc S**
72 Le Mans Lycée Notre-Dame
02 43 85 01 01 **Pr Sc S**
74 Thonon-les-Bains Lycée St-Joseph
04 50 71 34 43 **Pr Sc S**
75 Paris AFBB 01 48 78 28 24 **Pr Hc S ou A**
75 Paris École supérieure des techniques de biologie appliquée
01 43 71 47 40 **Pr Sc S ou A**
75 Paris ENCPB 01 44 08 06 50 **Public S**
75 Paris ETSL 01 45 83 76 34 **Pr Sc S**
76 Franqueville-Saint-Pierre Lycée Galilée 02 35 79 40 40 **Public S**
77 Avon Lycée Uruguay France
01 60 74 50 60 **Public S**
78 Saint-Germain-en-Laye Lycée JB Poquelin 01 30 87 44 00 **Public S**
80 Amiens Lycée JB Delambre
03 22 66 30 60 **Public S**
83 Toulon Lycée Notre-Dame
04 94 27 31 28 **Pr Sc S**
87 Limoges Lycée R Dautry
05 55 33 46 82 **Public S**
94 Vincennes Lycée G Mendel
01 49 57 97 00 **Pr Sc S**
972 Fort-de-France Lycée Bellevue
05 96 61 50 14 **Public S**
974 Saint-Paul Lycée St-Paul IV
02 62 33 06 50 **Public S**

BTS BIOPHYSICIEN DE LABORATOIRE

75 Paris ETSL 01 45 83 76 34 **Pr Sc A**

BTS BIOTECHNOLOGIES

06 Cannes Lycée J Ferry
04 93 06 52 00 **Public S**
12 Decazeville Lycée La Découverte
05 65 43 61 61 **Public S**
13 Marseille LT de chimie biologie
04 91 44 60 48 **Pr Sc S**
13 Marseille Lycée M Curie
04 91 36 52 10 **Public S**
30 Nîmes Lycée A Camus
04 66 62 91 71 **Public S**
33 Bordeaux Lycée St Louis
05 56 69 35 95 **Public S**
34 Montpellier Lycée J Mermoz
04 67 20 60 00 **Public S**
43 Le Puy-en-Velay Lycée S Weil
04 71 05 66 66 **Public S**
44 Nantes Groupe Talensac J Bernard
02 51 72 95 10 **Pr Sc S**
45 Saint-Jean-de-Braye Lycée J Monod
02 38 55 72 30 **Public S**
54 Villers-lès-Nancy Lycée Stanislas
03 83 91 35 35 **Public S**
59 La Madeleine Lycée V Labbé
03 20 63 02 63 **Public S**
67 Strasbourg Lycée J Rostand
03 88 14 43 50 **Public S**
69 Lyon Lycée La Martinière Duchère
04 72 17 29 50 **Public S**
70 Luxeuil-les-Bains Lycée Lumière
03 84 40 21 21 **Public S**
75 Paris École supérieure des techniques de biologie appliquée 01 43 71 47 40 **Pr Sc S**
75 Paris ENCPB 01 44 08 06 50 **Public S**
91 Gif-sur-Yvette Lycée de la vallée de Chevreuse 01 69 18 87 00 **Public S**
92 Gennevilliers Lycée Galilée
01 47 33 30 20 **Public S**

BTS MÉTIERS DE L'ESTHÉTIQUE-COSMÉTIQUE-PARFUMERIE

Option cosmétologie

22 Guingamp Lycée Notre-Dame
02 96 40 21 50 **Pr Sc S**
28 Dreux LP G Courtois 02 37 38 09 10 **Public S**
29 Quimper EXAbeauté 02 98 55 47 95 **Pr Hc S**
31 Toulouse Adonis 05 62 20 08 04 **Pr Hc S**
31 Toulouse École d'esthéticiennes M Verlair 05 61 99 06 47 **Pr Hc S**
31 Toulouse École d'esthétique E Mario
05 61 25 78 20 **Pr Hc S**
31 Toulouse LP H Boucher
05 34 45 24 00 **Public S**
33 Bordeaux École d'esthétique Françoise B 05 56 81 68 14 **Pr Hc S**
34 Béziers Centre technique S Delaunay
04 67 49 13 90 **Pr Hc S**
34 Montpellier LP J Ferry
04 67 10 74 01 **Public S**
37 Tours Lycée d'esthétique-cosmétique
02 47 20 83 04 **Pr Sc S**
38 Grenoble École technique privée - CFP métiers de la beauté
04 76 84 67 72 **Pr Hc S**
44 Nantes Institut de formations aux métiers beauté-santé-forme
02 40 47 67 28 **Pr Sc S**
59 Aulnoye-Aymeries Lycée Ste J d'Arc
03 27 53 60 30 **Pr Sc S**
59 Lille Adonis 03 20 74 90 40 **Pr Hc S**
59 Loos LP ND du Sacré-Cœur
03 20 07 53 89 **Pr Sc S**
62 Arras LP Savary-Ferry
03 21 23 83 83 **Public S**
67 Strasbourg Lycée J Rostand
03 88 14 43 50 **Public S**
67 Strasbourg Pigier 03 88 32 53 28 **Pr Hc S**
69 Lyon LP du premier film
04 78 76 54 70 **Public S**
69 Lyon Peyrefitte esthétique
04 78 37 35 95 **Pr Hc S**
74 Seynod Esecc Formation
04 50 51 59 12 **Pr Hc S**
75 Paris Icoges 01 45 58 17 33/ 01 55 26 95 70 **Pr Hc S**
75 Paris Lycée E Lemonnier
01 43 45 82 21 **Public S**
76 Le Havre Lycée J d'Arc
02 35 54 65 89 **Pr Sc S**

BTS QUALITÉ DANS LES INDUSTRIES ALIMENTAIRES ET LES BIO-INDUSTRIES (QIABI)

10 Troyes Lycée les Lombards
03 25 71 46 60 **Public S**
12 Villefranche-de-Rouergue LA Beauregard 05 65 65 15 70 **Public S**
17 Surgères Enilia 05 46 27 69 00 **Public A**
28 Dreux Lycée Rotrou 02 37 38 90 00 **Public S**
38 L'Isle-d'Abeau Lycée P Delorme
04 74 27 19 00 **Public S ou A**
39 Poligny CFA agroalimentaire
03 84 73 76 76 **Public A**
51 Bétheny Centre de formation Pasteur
03 26 87 88 38 **Pr Hc A**
59 Wasquehal LP JY Cousteau
03 20 72 37 59 **Public S**

CFA : centre de formation d'apprentis
Pr Hc : privé hors contrat
Pr Sc : privé sous contrat
A : statut apprenti
S : statut scolaire

BTS QIABI (suite)

63 Clermont-Ferrand Lycée S Apollinaire 04 73 41 20 20 **Public S**
67 Strasbourg Lycée J Rostand 03 88 14 43 50 **Public S**
71 Charolles Lycée J Wittmer 03 85 88 01 00 **Public A**
75 Paris ENCPB 01 44 08 06 50 **Public S**
75 Paris LP NL Vauquelin 01 40 77 00 60 **Public S ou A**
81 Castres Lycée La Borde Basse 05 63 62 11 90 **Public S**
93 Saint-Denis Lycée P Éluard 01 49 71 70 00 **Public S**
971 Les Abymes CFA de l'académie de la Guadeloupe 05 90 20 26 27 **Public A**
972 Le Lorrain Lycée J Pernock 05 96 53 42 23 **Public S**
974 Saint-Paul Lycée St-Paul IV 02 62 33 06 50 **Public S**
987 Papeete Lycée La Mennais 689 47 14 00 **Pr Sc S**

BTSA ANALYSES AGRICOLES, BIOLOGIQUES ET BIOTECHNOLOGIQUES

11 Lasbordes LA de la Raque 04 68 94 90 28 **Pr Sc S**
12 Rodez LA La Roque 05 65 77 75 00 **Public S**
12 Villefranche-de-Rouergue CFA agricole de l'Aveyron 05 65 81 16 76 **Public A**
21 Plombières-lès-Dijon CFA 03 80 53 13 21 **Public A**
25 Mamirolle École d'industrie laitière 03 81 55 92 00 **Public S**
26 Châteauneuf-de-Galaure Lycée Les Mandailles 04 75 68 61 22 **Pr Sc S**
31 Castanet-Tolosan Lycée agricole 05 61 00 30 70 **Public S**
33 Blanquefort LEGTA de Blanquefort 05 56 35 56 35 **Public S**
38 Moirans MFR de Moirans 04 76 35 41 60 **Pr Sc S**
41 Blois CFA agricole du Loir-et-Cher 02 54 56 49 00 **Public A**
41 Vendôme LEGTA de Vendôme 02 54 67 44 00 **Public S**
43 Vals-près-le-Puy ISVT 04 71 02 56 78 **Pr Sc S**
47 Sainte-Livrade-sur-Lot LEGTA Étienne Restat 05 53 40 47 00 **Public S**
50 Le Hommet-d'Arthenay LA de St-Lô Thère 02 33 77 80 80 **Public S**
51 Thillois LA de Reims-Thillois 03 26 08 04 10 **Pr Sc S**
53 Évron LP Orion 02 43 01 62 30 **Pr Sc S**
56 Pontivy LEGTA Le Gros Chêne 02 97 25 93 10 **Public S**
56 Saint-Jacut-les-Pins LEGTP des Pays de Vilaine 02 99 91 23 22 **Pr Sc S**
59 Douai LA du Nord 03 27 99 75 55 **Public S**
64 Hasparren CFA agricole des Pyrénées-Atlantiques 05 59 29 15 10 **Public A**
69 Saint-Genis-Laval LA agroalimentaire A Paillot 04 78 56 75 75 **Public S ou A**
74 La Roche-sur-Foron LEGTA-ENILV 04 50 03 01 03 **Public S**
76 Yvetot CFA agricole de Seine-Maritime 02 35 95 51 10 **Public A**
76 Yvetot LA et agroalimentaire 02 35 95 94 80 **Public S**
79 Bressuire CDFAA 79 Les Sicaudières 05 49 65 24 11 **Public A**
79 Melle LA J Bujault 05 49 27 02 92 **Public S**
80 Corbie LA Ste-Colette 03 22 96 36 36 **Pr Sc S**
80 Cottenchy LEGTA d'Amiens 03 22 35 30 00 **Public S**
85 Fontenay-le-Comte LEGTA Bel Air 02 51 50 11 44 **Public S**
89 Venoy LA d'Auxerre-la Brosse 03 86 94 60 00 **Public S**

DUT

Liste des diplômes universitaires de technologie (DUT) les plus spécifiques de la biologie. Quelques-uns se préparent en 1 an après un bac + 2 dans le cadre d'une année spéciale (AS). Les formations en apprentissage sont signalées par un **A**.

DUT GÉNIE BIOLOGIQUE

Opt 1: agronomie
Opt 2: analyses biologiques et biochimiques
Opt 3: bio-informatique (expérimental)
Opt 4: diététique
Opt 5: génie de l'environnement
Opt 6: industries agro-alimentaires et biologiques

01 Bourg-en-Bresse IUT Lyon 1 04 74 45 50 50 **opt 6: S**
04 Digne-les-Bains IUT de Provence 04 13 55 12 55 **opt 1: S, opt 5: S**
14 Caen IUT 02 31 56 70 00 **opt 2: S, opt 5: S, opt 6: S ou A**
15 Aurillac IUT de Clermont-Ferrand-Aubière 04 71 46 86 10 **opt 1: S, opt 3: S, opt 5: S**
17 La Rochelle IUT 05 46 51 39 00 **opt 2: S, opt 6: S**
20B Corte IUT 04 95 61 16 52 **opt 5: S ou A, opt 6: S ou A**
21 Dijon IUT 03 80 39 65 95 **opt 2: S, opt 6: S**
22 Saint-Brieuc IUT 02 96 60 96 60 **opt 6: S**
24 Périgueux IUT 05 53 02 58 58 **opt 1: S, opt 4: S, opt 6: S**
27 Évreux IUT 02 32 29 15 03 **opt 2: S, opt 4: S, opt 6: S**
29 Brest IUT 02 98 01 60 50 **opt 1: S, opt 2: S, opt 5: S**
29 Quimper IUT 02 98 90 02 27 **opt 2: S, opt 6: S**
32 Auch IUT 05 62 61 63 00 **opt 1: S, opt 6: S**
34 Montpellier IUT 04 99 58 50 40 **opt 2: S, opt 4: S, opt 6: S**
37 Tours IUT 02 47 36 75 81 **opt 2: S, opt 4: S, opt 5: S ou A**
40 Mont-de-Marsan IUT des Pays de l'Adour - Site de Mont-de-Marsan 05 58 51 37 00 **opt 6: S**
42 Saint-Étienne IUT 04 77 46 33 00 **opt 5: S**
49 Angers IUT 02 44 68 87 00 **opt 1: S, opt 2: S, opt 6: S**
53 Laval IUT 02 43 59 49 01 **opt 2: S**
54 Vandœuvre-lès-Nancy IUT Nancy-Brabois 03 83 68 25 60 **opt 2: S, opt 4: S**
54 Villers-lès-Nancy IUT Nancy-Brabois 03 83 68 24 51 **opt 1: S, opt 6: S**
57 Yutz IUT de Thionville 03 82 82 06 00 **opt 5: S, opt 6: S**
59 Villeneuve-d'Ascq IUT A 03 59 63 21 00/04 **opt 2: S** AS, **opt 4: S** AS, **opt 6: S** AS
62 Boulogne-sur-Mer IUT du Littoral 03 21 99 45 02 **opt 5: S, opt 6: S**
63 Aubière IUT de Clermont-Ferrand - Aubière 04 73 17 70 01 **opt 2: S** AS, **opt 4: S** AS
66 Perpignan IUT 04 68 66 24 04 **opt 1: S** AS, **opt 5: S** AS
67 Schiltigheim IUT L Pasteur 03 68 85 25 72 **opt 5: S, opt 6: S**
68 Colmar IUT 03 89 20 23 58 **opt 1: S**
69 Villeurbanne IUT Lyon 1 (site La Doua) 04 72 69 20 00 **opt 1: S, opt 2: S** AS, **opt 4: S**
80 Amiens IUT 03 22 53 40 40 **opt 1: S, opt 6: S**

83 La Garde IUT de Toulon - Site de La Garde 04 94 14 22 08 **opt 2 : S, opt 4 : S, opt 5 : S**
84 Avignon IUT 04 90 84 14 00 **opt 1 : S, opt 6 : S**
85 La Roche-sur-Yon IUT 02 51 47 84 40 **opt 5 : S**
87 Limoges IUT 05 55 43 43 55 **opt 6 : S**
93 Bobigny IUT 01 48 38 84 19 **opt 2 : S**
94 Créteil IUT 01 45 17 17 01 **opt 2 : S, opt 4 : S, opt 6 : S**
95 Cergy IUT site St-Martin 01 34 25 75 46 **opt 2 : S, opt 5 : S**
971 Saint-Claude IUT de Kourou 05 90 48 34 82 **opt 6 : S**
974 Saint-Pierre IUT 02 62 96 28 70 **opt 5 : S, opt 6 : S**

DUT GÉNIE CHIMIQUE, GÉNIE DES PROCÉDÉS

Option bioprocédés

11 Narbonne IUT de Perpignan 04 68 90 91 01 S
13 Marseille IUT 04 91 28 93 00 S
14 Caen IUT 02 31 56 70 00 S
24 Périgueux IUT 05 53 02 58 58 S
44 Saint-Nazaire IUT 02 40 17 81 59 S
54 Villers-lès-Nancy IUT Nancy-Brabois 03 83 68 24 51 S
56 Pontivy IUT de Lorient - Antenne de Pontivy 02 97 27 67 70 S
78 Rambouillet IUT de Vélizy (site Rambouillet) 01 30 46 58 20 S

DIPLÔME D'ÉTAT

Un seul diplôme d'État (DE) relève de la biologie. Il se prépare en 3 ans après le bac.

DE DE TECHNICIEN DE LABORATOIRE MÉDICAL

37 Chambray-lès-Tours Institut de formation de techniciens en analyses biomédicales 2 rue Mansard 02 47 47 38 23 **Public www.chu-tours.fr**
69 Lyon Institut de formation de techniciens de laboratoire médical 10 pl. des Archives 04 72 32 50 34 **Pr reconnu www.iftlm.fr**
75 Paris Institut de formation de techniciens en analyses biomédicales 47 bd de l'Hôpital 01 42 16 60 07 / 08 21 **Public formation.aphp.fr/écoles/index.php**
80 Amiens Institut de formation de techniciens de laboratoire médical CHU Nord - pl. V Pauchet 03 22 66 81 14 **Public www.chu-amiens.fr**

LICENCES PRO

Liste des licences professionnelles proposant une spécialisation en lien avec la biologie.
Pour chacune sont indiqués les établissements qui y préparent (en vert), suivis de la commune (en noir).
Les formations en apprentissage sont signalées par un **A**.
Pour localiser les spécialités en cosmétique, consultez notre site **www.onisep.fr**.

agronomie spécialité :
- outils biotechnologiques au service des filières de productions agricoles : Univ. de Bordeaux Talence

bio-industries et biotechnologies :
Lycée Baudimont St-Charles Arras UNIMES Nîmes Univ. de Limoges Limoges **A**, Univ. de Rouen Évreux Univ. de Versailles St-Quentin Versailles Univ. Paris Diderot Paris Univ. Paris-Sud Orsay **A**, Université catholique de Lille Lille

biologie analytique et expérimentale :
Univ. de Cergy Cergy **A**, Univ. de Montpellier Montpellier **A**

biotechnologies spécialités :
- amélioration génétique des plantes : ENFA Castanet-Tolosan Univ. Toulouse 3 P. Sabatier Toulouse
- assistant ingénieur en biologie moléculaire et cellulaire : Univ. de Haute-Alsace Colmar **A**
- bio-analyses, bioprocédés : Univ. Grenoble 1 - J. Fourier La Tronche **A**
- biologie analytique et expérimentale des micro-organismes, du végétal et de l'animal : Agrocampus Ouest Angers Angers Lycée J Moulin Angers Univ. d'Angers Angers **A**
- biologie moléculaire appliquée à la sécurité alimentaire : Univ. de Pau Mont-de-Marsan
- bioraffinerie du végétal à vocation non-alimentaire : LEGTA Airion **A**, Univ. J. Verne Amiens **A**
- biotechnologies appliquées aux industries des agroressources : Campus de la CCI d'Eure-et-Loir Chartres **A**,
- culture de tissus et de cellules et biologie moléculaire : Univ. de Bourgogne Dijon
- développement des produits cosmétiques et de santé : Univ. de Bretagne-Sud Vannes
- étude moléculaire, cellulaire et intégrée des molécules bioactives : Univ. d'Auvergne Aubière
- génie biologique, microscopie et qualité : UNICE Nice
- génomique : Cnam Paris **A**, ENCPB Paris **A**, Univ. Lyon 1 - C. Bernard Villeurbanne
- méthodologies pour le diagnostic moléculaire et cellulaire : Univ. de Franche-Comté Besançon **A**
- microbiologie dans les industries agroalimentaires : Univ. d'Aix-Marseille Marseille
- techniques diagnostiques spécialisées en biologie médicale : Univ. d'Auvergne Aubière

espaces naturels spécialités :
- analyses et techniques d'inventaires de la biodiversité : Univ. Lyon 1 - C. Bernard Villeurbanne **A**
- biologie appliquée aux écosystèmes exploités : Univ. de Pau Anglet

industrie agroalimentaire, alimentation spécialités :
- biotechnologie et génie des procédés appliqués aux boissons : CFA agroalimentaire Poligny **A**
- biotechnologies en santé et alimentaire : Univ. de Nantes Nantes
- contrôles agroalimentaires et biotechnologies : Univ. de Rouen Mont-Saint-Aignan
- métiers des industries alimentaires et biologiques : Univ. d'Angers Angers **A**
- qualité, hygiène, sécurité, environnement - filières agroalimentaires et biologiques : LPA St-Joseph **A**
- qualité, sécurité des aliments, des produits biotechnologiques et de santé : Unistra Schiltigheim **A**
- sécurité et prévention du risque alimentaire : Univ. Grenoble 1 - J. Fourier La Tronche **A**

AS : année spéciale (DUT en 1 an)
IUT : institut universitaire de technologie
A : statut apprenti
S : statut scolaire

Licences pro (suite)

industries chimiques et pharmaceutiques spécialités:

• analyses et contrôles: Unistra Illkirch-Graffenstaden A, Univ. des Antilles Pointe-à-Pitre
• analyses et traçabilité au laboratoire: Univ. de La Rochelle La Rochelle A
• bio-expérimentation industrielle: Cnam Paris A, ESTBA Paris A
• biotechnologie: ETSL Paris A
• gestion de la qualité et des risques dans les bio-industries: Univ. Pierre et Marie Curie Paris A
• gestion de production dans l'industrie pharmaceutique et cosmétique: Univ. de Franche-Comté Besançon
• instrumentation et réactifs de laboratoire: ESTBA Paris A
• méthodes et techniques d'analyses chimiques et biologiques: Univ. d'Aix-Marseille Marseille A
• métiers de la biotechnologie: ENCPB Paris A, Univ. Pierre et Marie Curie Paris A
• métiers de la chimie de formulation: ENCPB Paris A, Univ. Pierre et Marie Curie Paris A
• microbiologie industrielle et biotechnologie: ESTBA Paris A, Lycée agricole et agroalimentaire A Paillot St-Genis-Laval A, Univ. Lyon 1 - C. Bernard Villeurbanne A
• qualité dans les laboratoires d'analyse médicale: Univ. de Bordeaux Bordeaux A
• service client et vente en biologie médicale: Univ. de Bourgogne Dijon
• technico-commercial en instrumentation biotechnologique et biomédicale: Univ. de Poitiers Poitiers A

productions animales spécialités:

• génétique et développement de l'élevage: LEGTPA Limoges les Vaseix Verneuil-sur-Vienne Univ. de Limoges Limoges
• technologies en physiologie et physiopathologie: Univ. Grenoble 1 - J. Fourier Saint-Martin-d'Hères A, Univ. Lyon 1 - C. Bernard Villeurbanne A

productions végétales spécialités:

• biotechnologies végétales et création variétale: Centre de formation et de promotion horticole Écully A, Univ. Lyon 1 - C. Bernard Villeurbanne A
• expérimentation, expérimentateur du végétal: CFA hortithèque Mont-St-Aignan A, Univ. du Havre Le Havre A
• gestion de la santé des plantes: Agrocampus Ouest Angers Angers Univ. d'Angers Angers
• productions végétales, cultures spécialisées et protection des cultures - techniques et technologies du végétal: ESA Angers Angers A, Univ. d'Angers Angers A

santé spécialités:

• bio-analyses et qualité pour les laboratoires d'analyses médicales: ESTBA Paris A
• biologie analytique et expérimentale: Univ F. Rabelais Tours A, Univ. de Lorraine Vandœuvre-lès-Nancy
• biostatistique: Univ. Grenoble 1 - J. Fourier Grenoble
• biostatistique: statistique et informatique appliquées aux sciences du vivant: Univ. de Caen Lisieux
• biotechnologies appliquées à la santé: Univ. de Reims Reims
• génétique, génie génétique, biologie moléculaire, culture cellulaire: Univ. de Lorraine Vandœuvre-lès-Nancy

transformations industrielles spécialité:

• valorisation des ressources végétales: Univ. d'Orléans Chartres

LICENCES

Liste des licences dédiées à la biologie ou proposant un parcours pouvant y mener. Pour chacune sont indiqués les établissements qui y préparent (en vert), suivis de la commune (en noir).

Chimie: UNICE Nice; Unistra Strasbourg; Univ. B. Pascal Aubière; Univ. d'Aix-Marseille Aix-en-Provence, Marseille; Univ. d'Artois Lens; Univ. d'Orléans Orléans; Univ. de Bordeaux Talence; Univ. de Bourgogne Dijon; Univ. de Bretagne occidentale Brest; Univ. de Caen Caen; Univ. de Cergy Cergy; Univ. de La Réunion Saint-Denis; Univ. de Lille 1 Villeneuve-d'Ascq; Univ. de Limoges Limoges; Univ. de Montpellier Montpellier; Univ. de Nantes Nantes; Univ. de Rouen Mont-Saint-Aignan; Univ. de Versailles St-Quentin Versailles; Univ. du Havre Le Havre; Univ. Grenoble 1 - J. Fourier Saint-Martin-d'Hères; Univ. J. Monnet Saint-Étienne; Univ. J. Verne Amiens, Beauvais; Univ. Lyon 1 - C. Bernard Villeurbanne; Univ. Paris Diderot Paris; Univ. Paris-Est Créteil Créteil; Univ. Paris-Sud Orsay; Univ. Pierre et Marie Curie Paris; Univ. Rennes 1 Rennes; Univ. Toulouse 3 P. Sabatier Toulouse

Frontières du vivant: Univ. Paris Descartes Paris

Informatique: Univ. Lyon 1 - C. Bernard Villeurbanne; Univ. J. Verne Amiens

Mathématiques: Univ. de Nantes Nantes; Univ. d'Aix-Marseille Aix-en-Provence

Physique: Univ. de La Réunion Saint-Denis; Univ. d'Aix-Marseille Aix-en-Provence

Physique, chimie: Univ. d'Artois Lens

Sciences de la Terre: Univ. de Bretagne occidentale Brest; Univ. de Montpellier Montpellier; Univ. du Maine Le Mans; Univ. Paris-Sud Orsay; Univ. Pierre et Marie Curie Paris

Sciences de la vie: Champollion Albi; Cned Futuroscope; Institut catholique d'études supérieures La Roche-sur-Yon; Institut catholique de Lyon Lyon; UNICE Nice; UNIMES Nîmes; Unistra Strasbourg; Univ. B. Pascal Aubière; Univ. d'Aix-Marseille Aix-en-Provence, Marseille; Univ. d'Artois Lens; Univ. d'Évry Évry; Univ. d'Orléans Chartres, Orléans; Univ. de Bordeaux Agen A, Talence; Univ. de Bourgogne Dijon; Univ. de Bretagne occidentale Brest; Univ. de Caen Caen; Univ. de Cergy Cergy; Univ. de Corse P. Paoli Corte; Univ. de Franche-Comté Besançon, Montbéliard; Univ. de La Réunion Saint-Denis; Univ. de La Rochelle La Rochelle; Univ. de Lille 1 Villeneuve-d'Ascq; Univ. de Limoges Limoges; Univ. de Lorraine Metz, Vandœuvre-lès-Nancy; Univ. de Montpellier Montpellier; Univ. de Nantes Nantes; Univ. de Pau Anglet, Pau; Univ. de Poitiers Poitiers; Univ. de Savoie Le Bourget-du-Lac; Univ. de Toulon La Garde; Univ. de Valenciennes Cambrai; Univ. de Versailles St-Quentin Versailles; Univ. du Havre Le Havre; Univ. du Littoral Boulogne-sur-Mer, Calais; Univ. du Maine Le Mans; Univ. Grenoble 1 - J. Fourier Saint-Martin-d'Hères; Univ. J. Monnet

Saint-Étienne; Univ. Lyon 1 - C. Bernard Villeurbanne; Univ. Paris 13 Bobigny; Univ. Paris Diderot Paris; Univ. Paris-Sud Orsay; Univ. Pierre et Marie Curie Paris; Univ. Rennes 1 Rennes; Univ. Toulouse 3 P. Sabatier Toulouse; Université catholique de Lille Lille; Univ F. Rabelais Tours

■ Sciences de la vie et de la Terre: Centre universitaire de Mayotte Dembéni; UCO d'Angers Angers, Guingamp; UNICE Nice; Univ. d'Aix-Marseille Aix-en-Provence, Marseille; Univ. d'Angers Angers; Univ. d'Avignon Avignon; Univ. de Bretagne-Sud Lorient, Vannes; Univ. de Guyane Cayenne; Univ. de Lille 1 Villeneuve-d'Ascq; Univ. de Nantes Nantes; Univ. de Nouvelle Calédonie Nouméa; Univ. de Perpignan Perpignan; Univ. de Polynésie française Faaa; Univ. de Reims Reims; Univ. de Rouen Évreux, Mont-Saint-Aignan; Univ. des Antilles Pointe-à-Pitre; Univ. de Versailles St-Quentin Versailles; Univ. J. Verne Amiens; Univ. Lyon 1 - C. Bernard Villeurbanne; Univ. Paris-Est Créteil Créteil

■ Sciences et technologies: Centrale Marseille Marseille; Univ. d'Aix-Marseille Marseille; Univ. de Bretagne occidentale Roscoff; Univ. de Bretagne-Sud Lorient, Vannes; Univ. de Haute-Alsace Colmar; Univ. de Montpellier Montpellier; Univ. de Savoie Le Bourget-du-Lac; Univ. de Valenciennes Valenciennes; Univ. Grenoble 1 - J. Fourier Valence; Univ. Lyon 2 - Lumière Bron; Univ. Paris-Sud Orsay; Univ. Pierre et Marie Curie Paris

■ Sciences et humanités: Univ. d'Angers Angers; Univ. d'Aix-Marseille Marseille

■ Sciences pour la santé: Univ. J. Verne Amiens

MASTERS

Liste des masters proposant une spécialisation en biologie. Pour chacun sont indiqués les établissements qui y préparent (en vert), suivis de la commune (en noir).
Les formations en apprentissage sont signalées par un **A**.
Pour localiser les spécialités en cosmétique, consultez notre site **www.onisep.fr**.

■ agrosciences spécialité:
- gestion de la qualité des productions végétales Univ. d'Avignon Avignon

■ aliments et bioproduits spécialités:
- microbiologie appliquée et génie biologique AgroParisTech Paris, Massy, Grignon, Nancy, Montpellier Massy, Montpellier, Nancy, Paris, Thiverval-Grignon
- R & D analytique: de la molécule active à sa bio-analyse AgroParisTech Paris, Massy, Grignon, Nancy, Montpellier Massy, Montpellier, Nancy, Paris, Thiverval-Grignon

■ analyses sensorielles spécialité:
- analyse sensorielle et marketing des produits saveurs-senteurs Univ. d'Aix-Marseille Marseille

■ anthropologie biologique, préhistoire spécialités:
- anthropologie biologique Univ. de Bordeaux Talence
- préhistoire Univ. de Bordeaux Talence

■ approches interdisciplinaires et innovantes de la recherche et de l'enseignement spécialité:
- approches interdisciplinaires du vivant Univ. Paris Descartes Paris, Univ. Paris Diderot Paris

■ biochimie spécialités:
- biochimie structurale et fonctionnelle Insa Lyon Villeurbanne, Univ. Lyon 1 - C. Bernard Villeurbanne
- compétences complémentaires en informatique Univ. Lyon 1 - C. Bernard Villeurbanne
- compétences complémentaires en statistique Univ. Lyon 1 - C. Bernard Villeurbanne
- ingénierie biochimique et biotechnologies Univ. Lyon 1 - C. Bernard Villeurbanne

■ biochimie et biotechnologies spécialités:
- biochimie structurale protéomique et métabolomique Univ. Toulouse 3 P. Sabatier Toulouse
- bio-ingénierie Univ. Toulouse 3 P. Sabatier Toulouse
- biologie structurale et fonctionnelle Univ. Toulouse 3 P. Sabatier Toulouse
- droit de l'immatériel et des technologies de l'information Univ. Toulouse 3 P. Sabatier Toulouse
- expression génique et protéines recombinantes Univ. Toulouse 3 P. Sabatier Toulouse

■ biochimie, cellules, cibles thérapeutiques spécialités:
- biomolécules et thérapeutiques Univ. Paris Diderot Paris
- biotechnologie pharmaceutique et thérapies innovantes Univ. Paris Diderot Paris
- génome et différenciation cellulaire Univ. Paris Diderot Paris

■ biodiversité, écologie, environnement spécialité:
- écologie fonctionnelle, comportementale et évolutive Agrocampus Ouest Rennes Rennes, Univ. Rennes 1 Rennes

■ bio-informatique: School biologie Saclay, School ingénierie Saclay

■ bio-informatique et biostatistiques spécialité:
- bio-informatique et biostatistiques École polytechnique (X) Palaiseau Palaiseau

■ bio-informatique, biochimie structurale et génomique spécialités:
- bio-informatique et génomique Univ. d'Aix-Marseille Marseille
- bio-informatique, biochimie structurale et génomique Univ. d'Aix-Marseille Marseille
- compétences complémentaires en informatique Univ. d'Aix-Marseille Marseille

■ bio-ingénierie spécialités:
- bio-imagerie Univ. Paris Descartes Paris
- bio-ingénierie et innovation en neurosciences Univ. Paris Descartes Paris
- biomatériaux Univ. Paris Descartes Paris
- biomécanique: des tissus aux structures musculo-squelettiques Univ. Paris Descartes Paris
- biothérapies moléculaires et cellulaires Univ. Paris Descartes Paris

■ biologie spécialités:
- biochimie et biologie structurale Univ. Grenoble 1 - J. Fourier Saint-Martin-d'Hères
- biodiversité, écologie, environnement Univ. Grenoble 1 - J. Fourier Saint-Martin-d'Hères
- biologie cellulaire, physiologie, développement Univ. Grenoble 1 - J. Fourier Saint-Martin-d'Hères

A: apprentissage proposé

Masters (suite)

- biologie et techniques de commercialisation Univ. Grenoble 1 - J. Fourier Saint-Martin-d'Hères A
- bioprotection et microbiologie de l'environnement Univ. de Pau Pau
- compétence complémentaire en informatique Univ. Grenoble 1 - J. Fourier Saint-Martin-d'Hères
- dynamique des écosystèmes aquatiques Univ. de Pau Anglet
- immunologie, microbiologie, infectiologie Univ. Grenoble 1 - J. Fourier Saint-Martin-d'Hères
- neurobiologie et neurosciences Univ. Grenoble 1 - J. Fourier Saint-Martin-d'Hères

biologie cellulaire, physiologie et pathologies spécialités:
- biologie du vieillissement Univ. Paris Descartes Paris, Univ. Paris Diderot Paris
- neurobiologie Centrale-Supélec Paris Châtenay-Malabry

biologie cellulaire, physiologie, pathologies spécialités:
- biologie de la reproduction humaine Univ. Paris Descartes Paris, Univ. Paris Diderot Paris
- biologie et développement cellulaires Univ. Paris Descartes Paris, Univ. Paris Diderot Paris
- biologie vasculaire, athérosclérose, thrombose et hémostase Univ. Paris Descartes Paris, Univ. Paris Diderot Paris
- biologie, physiologie et pharmacologie de la circulation et de la respiration Univ. de Caen Caen, Univ. Paris Descartes Paris
- biologie, physiologie et pharmacologie de la respiration et du sommeil Univ. Paris Descartes Paris, Univ. Paris Diderot Paris
- biologie, physiopathologie, pharmacologie du cœur et de la circulation Univ. Paris Descartes Paris
- biominéralisation, morphogénèse et pathologies inflammatoires Univ. Paris Descartes Paris, Univ. Paris Diderot Paris
- épithélium: structure d'interface Univ. Paris Descartes Paris, Univ. Paris Diderot Paris
- ingénierie de plate-forme en biologie Univ. Paris Descartes Paris, Univ. Paris Diderot Paris
- neurosciences Univ. Paris Descartes Paris, Univ. Paris Diderot Paris
- nutrition, métabolisme énergétique, signalisation Univ. Paris Descartes Paris, Univ. Paris Diderot Paris
- physiopathologie orale appliquée Univ. Paris Descartes Montrouge, Univ. Paris Diderot Paris
- recherche clinique en physiologie fœtale Univ. Paris Diderot Paris
- reproduction et développement Univ. Paris Descartes Paris, Univ. Paris Diderot Paris
- sciences du végétal Univ. Paris Descartes Paris, Univ. Paris Diderot Paris

biologie et biophotonique spécialité:
- ingénierie biophotonique Univ. J. Monnet Saint-Étienne

biologie et écologie pour la forêt, l'agronomie, l'environnement et la gestion des écosystèmes spécialités:
- biologie intégrative de l'arbre et des plantes cultivées AgroParisTech-Engref Centre de Nancy Nancy, Univ. de Lorraine Vandœuvre-lès-Nancy
- fonctionnement et gestion des écosystèmes AgroParisTech Paris, Massy, Grignon, Nancy, Montpellier Massy, Montpellier, Nancy, Paris, Thiverval-Grignon, Univ. de Lorraine Vandœuvre-lès-Nancy

biologie et environnement spécialités:
- fonctionnement et restauration des milieux aquatiques et continentaux Univ. B. Pascal Aubière
- génomique, écophysiologie et productions végétales Univ. B. Pascal Aubière, VetAgro Sup Clermont-Ferrand Lempdes
- microbiologie: génome, écologie et biotechnologies Univ. B. Pascal Aubière

biologie et produits de santé spécialités:
- gestion des risques infectieux et sanitaires Univ. de Franche-Comté Besançon
- relation hôte-greffon Univ. de Bourgogne Dijon, Univ. de Franche-Comté Besançon

biologie et santé spécialités:
- analyse du risque toxicologique pour le consommateur Univ. de Bretagne occidentale Brest
- bio-informatique Univ. de Bordeaux Bordeaux
- cancérologie ENS Cachan Cachan
- endocrinologie et métabolisme ENS Cachan Cachan
- génétique, génomique, biotechnologies Univ. de Bretagne occidentale Brest
- génome, cellules, développement et évolution ENS Cachan Cachan
- gestion et conservation de la biodiversité Univ. de Bretagne occidentale Brest
- immunologie ENS Cachan Cachan
- microbiologie fondamentale et appliquée ENS Cachan Cachan, Univ. de Bretagne occidentale Brest
- modélisation en pharmacologie clinique et épidémiologie Univ. de Nantes Nantes
- œnologie et environnement vitivinicole Univ. de Bordeaux Villenave-d'Ornon
- physiologie des régulations Univ. de Bretagne occidentale Brest
- production et transformations agro-industrielles Univ. de Bordeaux Agen A
- sciences du végétal ENS Cachan Cachan
- signalisation et neurosciences ENS Cachan Cachan
- signaux et images en biologie et médecine Univ. de Bretagne occidentale Brest

biologie et technologie du végétal spécialités:
- biologie intégrative: gène, plante, agrosystème Agrocampus Ouest Angers Angers, Univ. d'Angers Angers
- biologie végétale intégrative: gène, plante, agrosystème Univ. de Nantes Nantes
- compétences complémentaires en informatique Univ. d'Angers Angers, Univ. de Nantes Nantes
- production et technologie du végétal Agrocampus Ouest Rennes Rennes, Univ. d'Angers Angers

biologie évolutive et intégrative spécialité:
- compétence complémentaire en informatique Univ F. Rabelais Tours

biologie intégrative spécialités:
- agents infectieux: interaction avec leurs hôtes et l'environnement AgroParisTech Paris, Massy, Grignon, Nancy, Montpellier Massy, Montpellier, Nancy, Paris, Thiverval-Grignon
- biologie du vieillissement et de la longévité Univ. Pierre et Marie Curie Paris
- biologie et bioressources marines Univ. Pierre et Marie Curie Paris
- biologie systémique et synthétique AgroParisTech Paris, Massy, Grignon, Nancy, Montpellier Massy, Montpellier, Nancy, Paris, Thiverval-Grignon
- génétique animal, génome et diversité

AgroParisTech Paris, Massy, Grignon, Nancy, Montpellier Massy, Montpellier, Nancy, Paris, Thiverval-Grignon, Univ. Paris-Est Créteil Maisons-Alfort
• ingénierie des biomolécules AgroParisTech Paris, Massy, Grignon, Nancy, Montpellier Massy, Montpellier, Nancy, Paris, Thiverval-Grignon
• neurosciences ENS Paris Paris, Univ. Pierre et Marie Curie Paris
• pharmacologie, innovation, découverte et développement du médicament Univ. Pierre et Marie Curie Paris
• physiologie, métabolisme et physiopathologies humaines Univ. Pierre et Marie Curie Paris
• reproduction et développement AgroParisTech Paris, Massy, Grignon, Nancy, Montpellier Massy, Montpellier, Nancy, Paris, Thiverval-Grignon, Univ. Paris-Est Créteil Maisons-Alfort
• sciences du végétal AgroParisTech Paris, Massy, Grignon, Nancy, Montpellier Massy, Montpellier, Nancy, Paris, Thiverval-Grignon

■ biologie intégrative: physiologie et neurosciences spécialités:
• bioexpérimentation animale Univ. Lyon 1 - C. Bernard Villeurbanne, VetAgro Sup Marcy-l'Étoile
• compétences complémentaires en informatique Univ. Lyon 1 - C. Bernard Villeurbanne
• neurosciences Univ. Lyon 1 - C. Bernard Villeurbanne
• physiologie et pathologie musculaires Univ. Lyon 1 - C. Bernard Villeurbanne
• physiologie intégrée en conditions extrêmes Univ. Lyon 1 - C. Bernard Villeurbanne
• régulations cardiovasculaires, métaboliques et nutritionnelles Univ. Lyon 1 - C. Bernard Villeurbanne

■ biologie intégrative et agrosciences spécialités:
• biologie de la reproduction Univ F. Rabelais Tours
• biologie végétale intégrative: gène, plante, agrosystème Univ F. Rabelais Tours

■ biologie intégrative et neurosciences spécialité:
• qualité et environnement en productions animales Univ F. Rabelais Tours **A**

■ biologie intégrative et physiologie:
School Biodiversité Saclay

■ biologie moléculaire et cellulaire spécialités:
• biochimie et biologie moléculaire ENS Paris Paris, Univ. Pierre et Marie Curie Paris
• bio-informatique et modélisation Univ. Pierre et Marie Curie Paris
• biologie cellulaire et développement Institut catholique de Lyon Lyon
• biologie cellulaire, biologie du développement et biologies des cellules-souches ENS Paris Paris, Univ. Pierre et Marie Curie Paris
• biotechnologies Univ. Pierre et Marie Curie Paris
• génétique ENS Paris Paris, Univ. Pierre et Marie Curie Paris
• immunologie ENS Paris Paris, Univ. Pierre et Marie Curie Paris
• ingénierie structurale et fonctionnelle des biomolécules École polytechnique (X) Palaiseau Palaiseau
• microbiologie ENS Paris Paris, Univ. Pierre et Marie Curie Paris **A**
• systèmes biologiques et concepts physiques Univ. Pierre et Marie Curie Paris

■ biologie santé spécialités:
• biologie, physiopathologie, pharmacologie du cœur et de la circulation Univ. Paris Diderot Paris
• thérapies et technologies du vivant Univ. Paris 13 Bobigny

■ biologie végétale: Univ. de Lille 1 Villeneuve-d'Ascq

■ biologie, agronomie, santé spécialités:
• alimentation, lait, innovation, management, nutraceutique Agrocampus Ouest Rennes Rennes, Univ. Rennes 1 Rennes
• bio-informatique et génomique Univ. Rennes 1 Rennes
• biologie végétale intégrative: gène, plante, agrosystème Agrocampus Ouest Rennes Rennes, Univ. de Bretagne occidentale Brest, Univ. Rennes 1 Rennes
• biologie-gestion Univ. Rennes 1 Rennes
• compétences complémentaires en informatique Univ. Rennes 1 Rennes
• comportement animal et humain Univ. Rennes 1 Rennes
• microbiologie fondamentale et appliquée Agrocampus Ouest Rennes Rennes, Univ. Rennes 1 Rennes
• préhistoire, paléontologie, paléoenvironnement Univ. Rennes 1 Rennes
• production et technologies du végétal Univ. Rennes 1 Rennes
• sciences cellulaires et moléculaires du vivant Agrocampus Ouest Rennes Rennes, Univ. Rennes 1 Rennes
• sciences de l'animal pour l'élevage de demain Agrocampus Ouest Rennes Rennes, Univ. Rennes 1 Rennes
• systèmes biologiques et géologiques Univ. Rennes 1 Rennes

■ biologie, agrosciences:
Montpellier SupAgro Florac, Montpellier, Univ. de Montpellier Montpellier

■ biologie, chimie, santé spécialités:
• biologie, santé, qualité Univ. de Reims Reims
• biotechnologies et SVT Univ. de Reims Reims
• chimie, substances naturelles et médicaments Univ. de Reims Reims

■ biologie, écologie spécialités:
• biologie végétale intégrative Univ. de Poitiers Poitiers
• écologie et biologie des populations Univ. de Poitiers Poitiers

■ biologie, informatique/bio-informatique:
Univ. Paris Diderot Paris

■ biologie, santé spécialités:
• biochimie-chimie biologique Univ. de Bordeaux Bordeaux, Talence
• bio-informatique Univ. de Bordeaux Talence, Univ. de Nantes Nantes
• biologie cellulaire, physiologie et pathologie Univ. de Bordeaux Bordeaux, Talence
• biologie et biotechnologies des plantes Univ. de Bordeaux Bordeaux, Talence
• biologie, biotechnologies et recherche thérapeutique Oniris Cursus ingénieur Nantes Nantes, Univ. de Nantes Nantes
• biologie, santé et alimentation en milieu tropical Univ. des Antilles Pointe-à-Pitre
• biomatériaux et dispositifs médicaux Univ. de Bordeaux Bordeaux, Talence
• biotechnologies et droit Univ F. Rabelais Tours

A: apprentissage proposé

Masters (suite)

• biothérapies tissulaires, cellulaires et géniques Univ. Paris 13 Bobigny
• compétences complémentaires en informatique Univ F. Rabelais Tours, Univ. de Nantes Nantes
• développement et contrôle des produits de santé Univ. de Nantes Nantes
• génétique moléculaire et cellulaire Univ. de Bordeaux Bordeaux, Talence
• infectiologie cellulaire et moléculaire, vaccinologie, anticorps thérapeutiques Univ F. Rabelais Tours
• ingénierie structurale et fonctionnelle et biomolécules ENS Cachan Cachan
• microbiologie-immunologie Univ. de Bordeaux Bordeaux
• neurosciences et neuropsychopharmacologie Univ. de Bordeaux Bordeaux, Talence
• physiopathologies Univ F. Rabelais Tours
• relation hôte-greffon Univ F. Rabelais Tours
• science de l'aliment et nutrition humaine Oniris Cursus ingénieur Nantes Nantes
• signal, imagerie et applications Univ. de Bordeaux Bordeaux
• surveillance épidémiologique des maladies humaines et animales Univ. Paris-Est Créteil Maisons-Alfort

■ biologie, santé, écologie spécialités:
• environnement et gestion de la biodiversité EPHE Paris, Univ. de Polynésie française Faaa
• signalisation et systèmes intégrés en biologie EPHE Paris

■ biologie, santé, sciences du médicament spécialités:
• essais cliniques et développement du médicament Univ. de Poitiers Poitiers
• génie physiologique biotechnologique et informatique Univ. de Poitiers Poitiers **A**
• recherche et ingénierie en biosanté Univ. de Poitiers Poitiers

■ biologie-santé:
• ENSC Montpellier Montpellier, Mines d'Alès Alès, Nîmes, School biologie Saclay, UNIMES Nîmes, Univ. de Cergy Cergy, Univ. de La Réunion Saint-Denis, Univ. de Lille 1 Villeneuve-d'Ascq, Univ. de Lille 2 Lille, Univ. de Montpellier Montpellier, Univ. Paris-Est Créteil Créteil
• spécialité biominéralisation, morphogénèse et pathologies inflammatoires Univ. Paris 13 Bobigny

■ biomécanique ostéo-articulaire et tissulaire spécialités:
• biomécanique des chocs et sécurité des transports Arts et Métiers ParisTech Paris
• biomécanique et modélisation du système ostéo-articulaire Arts et Métiers ParisTech Paris
• ingénierie tissulaire et biomécanique des tissus Arts et Métiers ParisTech Paris

■ *biomedical engineering*:
Mines de Paris ParisTech Paris, Mines de Saint-Étienne Saint-Étienne, Univ. de Franche-Comté Besançon

■ biomorphologie et biomatériaux: Unistra Strasbourg

■ biosanté spécialités:
• anthropologie, génétique des populations humaines Univ. Toulouse 3 P. Sabatier Toulouse
• biologie intégrative et toxicologie INP École nationale vétérinaire de Toulouse Toulouse, Univ. Toulouse 3 P. Sabatier Toulouse
• gènes, cellules et développement Univ. Toulouse 3 P. Sabatier Toulouse
• immunologie et maladies infectieuses Univ. Toulouse 3 P. Sabatier Toulouse
• neurosciences, comportement, cognition Univ. Toulouse 3 P. Sabatier Toulouse
• physiopathologie des maladies infectieuses, circulatoires et métaboliques Univ. Toulouse 3 P. Sabatier Toulouse
• vectorologie, thérapie génique et vaccinologie Univ. Toulouse 3 P. Sabatier Toulouse

■ biosciences spécialités:
• analyse, contrôle et expertise dans l'agrochimie et les bio-industries Univ. de Rouen Mont-Saint-Aignan
• bio-informatique Univ. de Rouen Mont-Saint-Aignan **A**
• biosciences ENS Lyon Lyon, Univ. Lyon 1 - C. Bernard Villeurbanne
• ingénierie qualité des bioproduits Univ. de Rouen Évreux
• microbiologie Univ. de Caen Caen, Univ. de Rouen Mont-Saint-Aignan
• qualité des aliments et innovation santé Univ. de Caen Caen
• sciences du végétal-écoproduction et biovalorisation Esitpa Mont-Saint-Aignan Mont-Saint-Aignan, Univ. de Caen Caen, Univ. de Rouen Mont-Saint-Aignan

■ biosciences et ingénierie de la santé spécialités:
• biotechnologies moléculaires et bioingénierie, physiopathologie et thérapeutique Univ. de Lorraine Nancy, Vandœuvre-lès-Nancy
• ergonomie, biomécanique, motricité, physiologie du travail Univ. de Lorraine Vandœuvre-lès-Nancy
• génie cellulaire Univ. de Lorraine Vandœuvre-lès-Nancy
• ingénierie biomédicale Univ. de Lorraine Vandœuvre-lès-Nancy

■ biotechnologie spécialité:
• biologie synthétique (pour étudiants internationaux) Unistra Illkirch-Graffenstaden

■ biotechnologie et pharmacologie, formation délocalisée à l'USTH (Hanoï):
Univ. de Montpellier Montpellier

■ biotechnologies:
Univ. de La Rochelle La Rochelle, Univ. de Lille 1 Villeneuve-d'Ascq

■ biotechnologies, microbiologie, aliment, nutrition, environnement spécialités:
• biotechnologies microbiennes Univ. de Lorraine Vandœuvre-lès-Nancy
• microbiologie environnementale et sanitaire Univ. de Lorraine Vandœuvre-lès-Nancy
• sciences et procédés biotechnologiques et alimentaires Lorraine INP Vandœuvre-lès-Nancy, Univ. de Lorraine Vandœuvre-lès-Nancy

■ chimie spécialités:
• applications industrielles et médicales des radiations ENS Cachan Cachan
• biomolécules, catalyse et environnement Univ. de Poitiers Poitiers
• chimie et biologie Unistra Strasbourg
• chimie et physico-chimie: des molécules aux biosystèmes ENS Cachan Cachan
• chimie organique: des matériaux au vivant ENS Cachan Cachan
• chimie physique et matériaux Unistra Strasbourg

■ chimie des molécules bioactives spécialité:
• conception et synthèse
Univ. d'Orléans Orléans

■ chimie et procédés spécialités:
• chimie et vivant Univ. Grenoble 1 - J. Fourier Saint-Martin-d'Hères
• compétence complémentaire en informatique Univ. Grenoble 1 - J. Fourier Saint-Martin-d'Hères

■ chimie et sciences du vivant spécialités:
• Univ. de Lille 1 Villeneuve-d'Ascq, Univ. de Versailles St-Quentin Versailles
• chimie moléculaire dirigée vers le vivant Univ. Paris Descartes Paris
• spectroscopie et analyses dirigées vers le vivant Univ. Paris Descartes Paris

■ développement et immunologie spécialités:
• développement et immunologie Univ. d'Aix-Marseille Marseille
• immunologie Univ. d'Aix-Marseille Marseille

■ droit public et droit privé spécialité:
• biotechnologies et droit Univ F. Rabelais Tours

■ écologie spécialités:
• biodiversité, écologie et évolution Univ. Toulouse 3 P. Sabatier Toulouse
• écologie et biosciences de l'environnement INP Toulouse Castanet-Tolosan, Univ. Toulouse 3 P. Sabatier Toulouse
• écosystèmes tropicaux naturels et exploités Univ. des Antilles Pointe-à-Pitre
• gestion de la biodiversité Univ. Toulouse 3 P. Sabatier Toulouse

■ écologie et biogéosciences spécialités:
• espace et milieux Univ. Paris Diderot Paris
• géochimie, géobiologie, géomatériaux et environnement Univ. Paris Diderot Paris
• ingénierie biologique pour l'environnement Univ. Paris Diderot Paris

■ écologie et éthologie spécialité:
• écologie et éthologie Univ. J. Monnet Saint-Étienne

■ écologie, environnement spécialités:
• écologie et développement durable Univ. du Maine Le Mans
• toxicologie de l'environnement Univ. d'Angers Angers, Univ. du Maine Le Mans
• zones humides continentales et littorales: écologie, éco-ingénierie, bio-indicateurs Univ. d'Angers Angers

■ écosciences, microbiologie spécialités:
• compétences complémentaires en informatique Univ. Lyon 1 - C. Bernard Villeurbanne
• écologie, génomique, évolution, biométrie Insa Lyon Villeurbanne, Univ. Lyon 1 - C. Bernard Villeurbanne, VetAgro Sup Marcy-l'Étoile
• mathématique et informatique du vivant Insa Lyon Villeurbanne, Univ. Lyon 1 - C. Bernard Villeurbanne, VetAgro Sup Marcy-l'Étoile
• microbiologie Insa Lyon Villeurbanne, Univ. Lyon 1 - C. Bernard Villeurbanne, VetAgro Sup Marcy-l'Étoile
• phytoressources Univ. Lyon 1 - C. Bernard Villeurbanne

■ écosystèmes et environnement spécialité:
• écosystèmes contaminants santé Univ. de Franche-Comté Besançon

■ écosystèmes, agrosystèmes et développement durable spécialité:
• production végétale et industries agroalimentaires Univ. J. Verne Amiens

■ éducation et formation spécialités:
• métiers de la formation et de l'éducation UCO d'Angers Angers
• métiers de l'éducation et de la médiation scientifique Univ. des Antilles Schœlcher

■ environnement marin et biotechnologies spécialités:
• biotechnologie: biomolécules, micro-organismes et bioprocédés UCO d'Angers Guingamp, Univ. de Bretagne-Sud Lorient
• ingénierie et gestion des ressources côtières Univ. de Bretagne-Sud Vannes

■ environnement, écotoxicologie, écosystèmes spécialité:
• écotoxicologie et écologie des systèmes anthropisés Univ. de Caen Caen, Hérouville-Saint-Clair, Univ. de Lorraine Metz

■ environnement, Terre, évolution, climat spécialité:
• biologie des organismes et des populations Univ. de Bourgogne Dijon

■ espaces, ressources, milieux spécialité:
• écologie, biodiversité, évolution AgroParisTech Paris, Massy, Grignon, Nancy, Montpellier Massy, Montpellier, Nancy, Paris, Thiverval-Grignon

■ éthologie spécialités:
• éthologie appliquée Univ. Paris 13 Villetaneuse
• éthologie fondamentale et comparée Univ. Paris 13 Villetaneuse

■ évolution, patrimoine naturel et sociétés spécialités:
• écologie, biodiversité, évolution MNHN Paris
• mécanismes du vivant et environnement MNHN Paris
• quaternaire et préhistoire: paléoenvironnement, lignée humaine, histoire des sociétés MNHN Paris
• systématique, évolution, paléontologie MNHN Paris

■ génétique: Univ. Paris Descartes Paris, Univ. Paris Diderot Paris

■ génétique et biologie de la cellule spécialités:
• génétique, biologie cellulaire et pathologie Univ. Lyon 1 - C. Bernard Villeurbanne
• imagerie des microstructures Univ. Lyon 1 - C. Bernard Villeurbanne
• infectiologie Univ. Lyon 1 - C. Bernard Villeurbanne
• infectiologie fondamentale Univ. Lyon 1 - C. Bernard Villeurbanne

■ génétique et physiologie, bio-informatique spécialités:
• analyse et modélisation des données Univ. B. Pascal Aubière, Univ. d'Auvergne Clermont-Ferrand
• génétique et physiologie recherche Univ. B. Pascal Aubière, Univ. d'Auvergne Clermont-Ferrand

■ génie des procédés et des bioprocédés: School ingénierie Saclay

A: apprentissage proposé

Masters (suite)

■ gestion de l'environnement et des ressources naturelles spécialité:
• gestion intégrée du littoral et des écosystèmes Univ. de Corse P. Paoli Corte A

■ imagerie, robotique et ingénierie pour le vivant spécialités:
• imagerie du vivant, robotique médicale et chirurgicale Unistra Illkirch-Graffenstaden
• vision, automatique, nanophotonique Unistra Illkirch-Graffenstaden

■ infectiologie: microbiologie, virologie, immunologie spécialités:
• immunologie Univ. Paris Descartes Paris, Univ. Paris Diderot Paris
• microbiologie Univ. Paris Descartes Paris, Univ. Paris Diderot Paris
• microbiologie appliquée et génie biologique Univ. Paris Diderot Paris A
• virologie Univ. Paris Descartes Paris, Univ. Paris Diderot Paris

■ informatique spécialités:
• bio-informatique Univ. de Nantes Nantes
• bio-informatique et modélisation Univ. Pierre et Marie Curie Paris
• biologie informatique et mathématiques UNICE Nice
• signaux et images en biologie et médecine Univ. de Nantes Nantes

■ ingénierie chimique et biologique spécialités:
• bioprocédés et biotechnologies marines Univ. de Nantes Nantes, Saint-Nazaire
• polymères et principes actifs d'origine naturelle Univ. de Nantes Nantes

■ ingénierie de la santé: Univ. de Lille 2 Loos, Univ. de Montpellier Montpellier A, Univ. Paris-Sud Orsay A

■ ingénierie de la santé et biomatériaux spécialité:
• biomatériaux Univ. Paris 13 Villetaneuse

■ ingénierie des services et des systèmes spécialité:
• technologies des territoires de santé UTC Compiègne Compiègne

■ ingénierie des technologies biomédicales: UNICE Nice

■ ingénierie du vivant et ergonomie spécialités:
• ergonomie et ingénierie facteurs humains Univ. Paris Descartes Paris
• physique médicale et du vivant Univ. Paris Descartes Paris

■ ingénierie pour la santé et le médicament spécialités:
• ingénierie biomédicale et pharmaceutique Centrale Lyon Écully, Univ. Lyon 1 - C. Bernard Roanne, Villeurbanne
• ingénierie des dispositifs médicaux Univ. Lyon 1 - C. Bernard Roanne, Villeurbanne

■ ingénieries pour la santé et le médicament spécialités:
• biotechnologie et ingénierie, diagnostics et thérapeutiques Univ. Grenoble 1 - J. Fourier La Tronche
• chimie médicinale et innovation pharmacologique Univ. Grenoble 1 - J. Fourier La Tronche

■ instrumentation spécialité:
• commercialisation en instrumentation scientifique Univ. d'Aix-Marseille Marseille

■ management des biobanques: Institut catholique de Lyon Lyon A, UNICE Nice

■ matériaux spécialités:
• matériaux avancés pour les nanosciences et l'énergie Univ. d'Aix-Marseille Marseille
• modélisation et expérimentation des matériaux pour le nucléaire Centrale Marseille Marseille, Univ. d'Aix-Marseille Marseille

■ matériaux et instrumentation spécialité:
• bio-ingénierie Télécom ParisTech Paris, Valbonne

■ matériaux et sciences pour l'ingénieur spécialité:
• biomécanique, biomatériaux et biomédicales Univ. de Reims Reims

■ mathématiques appliquées et sciences de l'information spécialité:
• biologie synthétique et systémique Centrale-Supélec Paris Châtenay-Malabry

■ mathématiques et applications spécialité:
• ingénierie mathématique pour les sciences du vivant Univ. Paris Descartes Paris

■ mathématiques et informatique spécialité:
• mathématiques appliquées Télécom ParisTech Paris, Valbonne

■ mathématiques pour les sciences du vivant: École polytechnique (X) Palaiseau Palaiseau

■ mécanique, énergétique spécialité:
• mécanique pour le vivant Univ. Toulouse 3 P. Sabatier Toulouse

■ mécanique, énergétique, génie civil, acoustique spécialité:
• biomécanique Centrale Lyon Écully, ENTPE Lyon Vaulx-en-Velin, Insa Lyon Villeurbanne, Univ. Lyon 1 - C. Bernard Villeurbanne

■ médicaments et autres produits de santé spécialité:
• biotechnologie pharmaceutique et thérapies innovantes Univ. Paris Descartes Paris

■ microbiologie, agrobiosciences, biologie des systèmes spécialités:
• bio-informatique et biologie des systèmes Univ. Toulouse 3 P. Sabatier Toulouse
• biosciences végétales INP Toulouse Castanet-Tolosan, Univ. Toulouse 3 P. Sabatier Toulouse
• diagnostic microbiologique: approches innovantes Univ. Toulouse 3 P. Sabatier Toulouse
• microbiologie Insa Toulouse Toulouse, Mines d'Albi-Carmaux Albi, Univ. Toulouse 3 P. Sabatier Toulouse

■ microbiologie, biologie végétale et biotechnologies spécialités:
• biologie végétale et biotechnologie Univ. d'Aix-Marseille Marseille
• biotechnologie pour le développement durable Univ. d'Aix-Marseille Marseille
• compétences complémentaires en informatique Univ. d'Aix-Marseille Marseille
• microbiologie et biotechnologie Univ. d'Aix-Marseille Marseille

■ modélisation, ingénierie mathématique, statistique et économique spécialité:

• équations aux dérivées partielles, calcul et épidémiologie Univ. de Bordeaux Talence

■ nanosciences, nanotechnologies spécialité:
• nanobiologie et nanobiotechnologies Univ. Grenoble 1 - J. Fourier Saint-Martin-d'Hères

■ océanographie spécialité:
• biologie et écologie marines Univ. d'Aix-Marseille Marseille

■ pathologie humaine spécialités:
• anthropologie biologique Univ. d'Aix-Marseille Marseille
• conseil en génétique et en médecine prédictive Univ. d'Aix-Marseille Marseille
• nutrition, métabolisme et physiopathologie vasculaire Univ. d'Aix-Marseille Marseille
• oncologie Univ. d'Aix-Marseille Marseille

■ physiologie et biologie intégrative spécialité:
• nutrition Univ. Paris-Est Créteil Maisons-Alfort

■ physique spécialité:
• exploration du vivant et de l'environnement Univ. Grenoble 1 - J. Fourier Saint-Martin-d'Hères

■ physique chimie spécialité:
• physique pour le vivant Univ. Toulouse 3 P. Sabatier Toulouse

■ physique et applications spécialité:
• systèmes biologiques et concepts physiques École polytechnique (X) Palaiseau Palaiseau, ENS Paris Paris, Univ. Pierre et Marie Curie Paris

■ physique fondamentale spécialité:
• physique et systèmes biologiques ENS Paris Paris

■ physique fondamentale et appliquée spécialité:
• photonique moléculaire pour les bio- et nanotechnologies ENS Cachan Cachan

■ physique fondamentale et sciences pour l'ingénieur spécialité:
• systèmes biologiques et concepts physiques Univ. Paris Diderot Paris

■ physique, mécanique et sciences de l'ingénieur spécialité:
• ingénierie pour le biomédical Univ. de Rouen Saint-Étienne-du-Rouvray

■ production et valorisation des agroressources spécialité:
• design, élaboration et performance de produits agroressources Univ. de Reims Reims

■ psychologie spécialité:
• psychologie, ergonomie et ingénierie des facteurs humains Univ. de Lorraine Metz

■ santé spécialités:
• interactions moléculaires et thérapeutiques Univ. J. Verne Amiens
• physiopathologie humaine, explorations fonctionnelles et imagerie Univ. J. Verne Amiens
• risques sanitaires, radionucléaires, biologiques et chimiques Univ. Pierre et Marie Curie Paris

■ santé publique spécialités:
• biostatistique, biomathématique, bio-informatique et santé Centrale Lyon Écully, Insa Lyon Villeurbanne, Univ. Lyon 1 - C. Bernard Lyon
• informatique biomédicale Univ. Paris 13 Bobigny, Univ. Paris Descartes Paris
• méthodes de traitement de l'information biomédicale et hospitalière Univ. Rennes 1 Rennes
• signaux et images en biologie et médecine Univ. Rennes 1 Rennes

■ santé, soins et sociétés spécialité:
• recherche clinique, épidémiologie et médicament Univ. de Caen Caen, Univ. de Rouen Rouen

■ sciences appliquées spécialité:
• procédés, environnement et biotechnologie Centrale Supélec Paris Châtenay-Malabry

■ sciences biologiques spécialités:
• agents d'imagerie moléculaire Univ. d'Orléans Orléans
• biochimie-biologie moléculaire et biotechnologie Univ. d'Orléans Orléans
• biologie des organismes, des populations et écosystèmes Univ. d'Orléans Orléans
• compétences complémentaires en informatique Univ. d'Orléans Orléans

■ sciences biologiques et technologiques pour la santé:
Mines de Saint-Étienne Saint-Étienne, Univ. J. Monnet Saint-Étienne

■ sciences biologiques marines spécialités:
• approche écosystémique de l'halieutique Agrocampus Ouest Rennes Rennes, Univ. de Bretagne occidentale Plouzané
• biologie des organismes marins Univ. de Bretagne occidentale Plouzané
• écosystèmes marins Univ. de Bretagne occidentale Plouzané
• valorisations biotechnologiques des ressources marines Univ. de Bretagne occidentale Plouzané

■ sciences biomédicales spécialités:
• imagerie Univ. de Caen Caen, Univ. de Rouen Mont-Saint-Aignan
• neurosciences et sciences des comportements Univ. de Caen Caen, Univ. de Rouen Mont-Saint-Aignan
• physiologie, immunité, différentiation, génétique Univ. de Caen Caen, Univ. de Rouen Mont-Saint-Aignan
• valorisation des innovations biologiques Univ. de Caen Caen

■ sciences de la mer:
Univ. de Perpignan Perpignan, Univ. du Littoral Calais

■ sciences de la Terre et de l'environnement spécialités:
• H3: hydrogéologie, hydrobiogéochimie, hydropédologie Agrocampus Ouest Rennes Rennes, Univ. Rennes 1 Rennes
• préhistoire paléo-environnement et archéosciences UNICE Nice

■ sciences de la Terre et environnement, écologie spécialité:
• biodiversité et écosystèmes continentaux Bordeaux Sciences Agro Gradignan, Univ. de Bordeaux Talence

A: apprentissage proposé

Masters (suite)

■ sciences de la Terre, écologie, environnement spécialité:
• biologie générale, sciences de la Terre et de l'univers Univ. de Bordeaux Talence

■ sciences de la vie et de la santé spécialités:
• biologie et santé de l'environnement UNICE Nice
• biologie intégrative des interactions plante-microbe-environnement Univ. de Bourgogne Dijon
• biotechnologie, développement de produits de santé, bioréactifs Univ. de Limoges Limoges
• biotechnologie, génomique et biothérapie Univ. de Limoges Limoges
• génétique et physiologie (recherche) Univ. de Limoges Limoges
• génétique, immunité et développement animal ou végétal UNICE Nice
• imagerie et systèmes appliqués en biologie UNICE Nice
• management et innovation en biotechnologies Univ. de Bourgogne Dijon
• neuro-épidémiologie et parasitologie tropicales Univ. de Limoges Limoges
• physiologie, neurosciences et comportement Univ. de Franche-Comté Besançon
• physiopathologie, pharmacologie et neurobiologie UNICE Nice
• signalisation cellulaire et moléculaire Univ. de Bourgogne Dijon, Univ. de Franche-Comté Besançon
• zoonose et environnement Univ. de Limoges Limoges

■ sciences de la vie et de la Terre spécialité:
• signalisation et systèmes intégrés en biologie EPHE Paris

■ sciences de l'environnement terrestre spécialités:
• enseignement et formation en sciences de la vie et de la Terre Univ. d'Aix-Marseille Marseille
• médiation Univ. d'Aix-Marseille Marseille
• sciences de la biodiversité, écologie et évolution Univ. d'Aix-Marseille Aix-en-Provence, Marseille

■ sciences de l'univers, environnement, écologie spécialités:
• écophysiologie et écotoxicologie Univ. Pierre et Marie Curie Paris
• écologie, biodiversité, évolution ENS Paris Paris, Univ. Pierre et Marie Curie Paris
• sciences et politiques de l'environnement Univ. Pierre et Marie Curie Paris
• systématique, évolution, paléo-biodiversité Univ. Pierre et Marie Curie Paris

■ sciences des aliments spécialité:
• aliments, microbiologie, assurance qualité Univ. de Bourgogne Dijon

■ sciences du médicament:
• School biologie Saclay, Unistra Illkirch-Graffenstaden **A**, Univ. B. Pascal Aubière, Univ. d'Auvergne Clermont-Ferrand, Univ. de Lille 2 Lille, Univ. de Montpellier Montpellier **A**
• spécialité assurance qualité microbiologique des produits de santé Unistra Illkirch-Graffenstaden **A**
• spécialité conception et production de molécules d'intérêt thérapeutique *(drug design and production)* Unistra Illkirch-Graffenstaden
• spécialité développement des produits de santé cutanés *(skin delivery)* Univ. Lyon 1 - C. Bernard Lyon

■ sciences du végétal:
ENS Paris Paris

■ sciences du vivant spécialités:
• biologie des micro-organismes Unistra Strasbourg
• biologie et valorisation des plantes Unistra Strasbourg
• biologie moléculaire et cellulaire intégrée Unistra Strasbourg
• biologie structurale, bio-informatique et biotechnologies Unistra Illkirch-Graffenstaden, Strasbourg
• écophysiologie et éthologie Unistra Strasbourg
• neurosciences Unistra Strasbourg
• physiopathologie: de la molécule à l'homme Unistra Strasbourg

■ sciences et techniques des activités physiques et sportives (STAPS) spécialités:
• bio-ingénierie des implants et des tissus Univ. d'Aix-Marseille Marseille
• biomécanique humaine, ergonomie et recherche clinique Univ. de Reims Reims
• mouvements, sport, santé Univ. de Bretagne occidentale Brest

■ sciences et technologies de l'information et de la communication spécialités:
• image, informatique, ingénierie Univ. de Franche-Comté Besançon
• informatique et instrumentation pour la biologie et la santé Univ. J. Verne Amiens

■ sciences pharmaceutiques spécialités:
• innovation et transfert Univ. d'Angers Angers
• polymères et principes actifs d'origine naturelle Univ. d'Angers Angers

■ sciences physiques et imagerie spécialités:
• imagerie du vivant et radiopharmaceutique Univ F. Rabelais Tours
• imagerie et physique médicale Univ F. Rabelais Tours

■ sciences, ingénierie et management de la santé spécialités:
• biosignalisation cellulaire et moléculaire et physiopathologie Univ. d'Angers Angers
• signaux et images en biologie et médecine Univ. d'Angers Angers

■ sciences, technologies et environnement marin spécialité:
• biodiversité et biomolécules marines Univ. de Toulon La Garde

■ systèmes complexes en interaction spécialité:
• biomécanique et bio-ingénierie UTC Compiègne Compiègne

■ technologies biomédicales spécialités:
• diagnostic biomédical Univ. d'Auvergne Aubière, Clermont-Ferrand
• technologie pour la médecine Univ. d'Auvergne Aubière, Clermont-Ferrand

■ toxicologie spécialité:
• toxicologie, environnement, santé Univ. Paris Descartes Paris

■ transformation et valorisation des ressources naturelles spécialité:
• biotechnologies Escom Compiègne Compiègne, Univ. J. Verne Amiens, UTC Compiègne Compiègne

ÉCOLES D'INGÉNIEURS

Liste des écoles d'ingénieurs proposant une spécialisation en biologie. Pour chacune, le statut (public, privé reconnu ou consulaire) est précisé. Les cursus proposés en apprentissage sont signalés par un **A**.
Retrouvez toutes les écoles d'ingénieurs sur **www.onisep.fr**.

Recrutement post-bac

Recrutant des bacheliers pour une formation en 5 ans, ces écoles offrent également des accès après un bac + 2 ou un bac+ 3, notamment.

■ **Agrocampus Ouest Angers**
49045 Angers 02 41 22 54 54 **Public**
www.agrocampus-ouest.fr A

■ **CPE Lyon**
École supérieure de chimie, physique, électronique de Lyon
69616 Villeurbanne 04 72 43 17 00
Pr reconnu www.cpe.fr

■ **EBI Cergy**
École de biologie industrielle
95092 Cergy 01 30 75 60 20
Pr reconnu www.ebi-edu.com

■ **Esiee Paris**
93162 Cergy 01 45 92 65 00
Consulaire www.esiee.fr A

■ **Insa Lyon**
Institut national des sciences appliquées de Lyon
69621 Villeurbanne 04 72 43 83 83 **Public**
www.insa-lyon.fr A

■ **Insa Toulouse**
Institut national des sciences appliquées de Toulouse
31077 Toulouse 05 61 55 95 13 **Public**
www.insa-toulouse.fr A

■ **Isis Castres**
Informatique et systèmes d'information pour la santé
81100 Castres 05 63 51 24 01 **Public**
www.isis-ingenieur.fr A

■ **Polytech Clermont-Ferrand**
63174 Aubière 04 73 40 75 00 **Public**
www.polytech-clermont.fr

■ **Polytech Lille**
École polytechnique universitaire de l'université de Lille 1
59655 Villeneuve-d'Ascq 03 28 76 73 00
Public **www.polytech-lille.fr A**

■ **Polytech Marseille**
13288 Marseille 04 91 82 85 00 **Public**
www.polytech-marseille.fr

■ **Polytech Montpellier**
École polytechnique universitaire de Montpellier
34095 Montpellier 04 67 14 31 60 **Public**
www.polytech-montpellier.fr

■ **Polytech Nice-Sophia**
06410 Biot 04 92 96 50 50 **Public**
www.polytech.unice.fr

■ **Polytech Tours**
École polytechnique universitaire de Tours
37200 Tours 02 47 36 14 14 **Public**
www.polytech.univ-tours.fr

■ **UTC Compiègne**
Université de technologie de Compiègne
60203 Compiègne 03 44 23 44 23 **Public**
www.utc.fr A

Recrutement post-bac + 2

Ces écoles recrutent des élèves issus des classes prépa et les titulaires d'un diplôme de niveau bac + 2 ou plus.

■ **Agrocampus Ouest Rennes**
35042 Rennes 02 23 48 50 00 **Public**
www.agrocampus-ouest.fr

■ **AgroParisTech Paris, Massy, Grignon, Nancy, Montpellier**
Institut des sciences et industries du vivant et de l'environnement
75231 Paris 01 44 08 16 61 **Public**
www.agroparistech.fr A

■ **AgroSup Dijon**
Institut national supérieur des sciences agronomiques, de l'alimentation et de l'environnement
21079 Dijon 03 80 77 25 25 **Public**
www.agrosupdijon.fr

■ **Bordeaux INP-ENSTBB**
École nationale supérieure de technologie des biomolécules de Bordeaux
33076 Bordeaux 05 57 57 10 44 **Public**
www.enstbb.bordeaux-inp.fr

■ **École polytechnique (X) Palaiseau**
91128 Palaiseau 01 69 33 33 33 **Public**
www.polytechnique.fr

■ **ECPM Strasbourg**
École européenne de chimie - polymères et matériaux
67087 Strasbourg 03 68 85 26 07/00
Public www.ecpm.unistra.fr

■ **Ensaia Nancy**
École nationale supérieure d'agronomie et des industries alimentaires
54518 Vandœuvre-lès-Nancy
03 83 59 58 51 **Public**
www.ensaia.univ-lorraine.fr A

■ **ESBS Strasbourg**
École supérieure de biotechnologie de Strasbourg
67412 Illkirch-Graffenstaden
03 68 85 46 82 **Public esbs.unistra.fr**

■ **Esiab Brest**
École supérieure d'ingénieurs en agroalimentaire de Bretagne atlantique - site de Brest
29280 Plouzané 02 90 91 51 00 **Public**
www.univ-brest.fr/esiab

■ **Esitech Rouen**
École supérieure d'ingénieurs en technologies innovantes
76801 Saint-Étienne-du-Rouvray
02 32 95 51 00 **Public www.esitech.fr**

■ **INP Toulouse Ensat**
École nationale supérieure agronomique de Toulouse
31326 Castanet-Tolosan 05 34 32 39 00
Public www.ensat.fr A

■ **ISBS-Upec Val-de-Marne/ Esiee Créteil**
Institut supérieur des biosciences
94010 Créteil 01 49 81 36 70 **Public**
www.isbs.fr A

■ **ISIFC**
Institut supérieur d'ingénieurs de Franche-Comté
25000 Besançon 03 81 66 66 90 **Public**
isifc.univ-fcomte.fr

■ **Mines de Nancy-Université de Lorraine**
École nationale supérieure des mines de Nancy
54042 Nancy 03 55 66 26 00 **Public**
www.mines-nancy.univ-lorraine.fr

■ **Montpellier SupAgro**
Montpellier SupAgro - Institut national d'études supérieures agronomiques
34060 Montpellier 48400 Florac
04 99 61 22 50 **Public www.supagro.fr A**

■ **VetAgro Sup Clermont-Ferrand**
63370 Lempdes 04 73 98 13 13 **Public**
www.vetagro-sup.fr A

A : apprentissage proposé

ÉCOLES SPÉCIALISÉES

Liste des écoles offrant une spécialisation en biologie. Certaines préparent à un titre répertorié au Répertoire national des certifications professionnelles (RNCP). Le statut de l'établissement (public, privé sous contrat ou privé reconnu) est précisé. Les cursus proposés en apprentissage sont signalés par un **A**.

■ Espas
École supérieure privée d'application des sciences
59000 Lille 03 20 57 58 71
Pr reconnu www.école-espas.fr
• Formation technico-commerciale en biotechnologie et agroalimentaire. Durée : 5 ans. Coût total : 20 400 €.
Admission en 1re année : dossier et entretien.
Admission en 2e année : bac + 1, reçus-collés en pharmacie-médecine.

■ ESTBA
École supérieure des techniques de biologie appliquée
75020 Paris 01 43 71 47 40
Pr Sc www.estba.org
• Certificat d'études supérieures technologiques en recherche biomédicale. Durée : 1 an. Coût total : 1200 €.
Admission en 1re année : bac + 2.

■ ESTBB
École supérieure de biologie, biochimie, biotechnologies
69002 Lyon 04 72 32 51 98
Pr reconnu www.estbb.fr
• Assistant de laboratoire biochimie-biologie. Durée : 3 ans. Coût total : 13 700 €.
Admission en 1re année : bac S ou STL validé (pour les autres bacs, une remise à niveau scientifique est nécessaire), dossier et entretien. **A**
Admission en 2e année : bac + 1 validé en sciences de la vie (L1, 1re année de BTS ou de DUT, PACES validée…), dossier et entretien. **A**
Admission en 3e année : DUT ou BTS en sciences de la vie validé (hormis BTS analyses de biologie médicale), dossier et entretien. **A**

■ IMT
Institut des métiers et des technologies des industries pharmaceutiques et cosmétiques
37206 Tours 02 47 71 37 13
Pr Hc www.groupe-imt.com
• Technicien spécialisé en bioproduction industrielle. Durée : 11 mois.
Admission : entretien, dossier, tests pour titulaires d'un bac + 2 (BTS, DUT, DEUST, L2, titre RNCP) scientifique (chimie, biologie, biochimie, biotechnologies, mesures physiques, bioanalyses et contrôles) ou d'un titre de TSPI (avec certains prérequis scientifiques) délivré par le Groupe IMT.

■ Ionis School of Technology and Management
94200 Ivry-sur-Seine 01 53 14 59 29
Pr Hc www.ionis-stm.com
• Bachelor management et biotechnologie. Durée : 1 an. Coût total : 7 450 €.
Admission : dossier de candidature, accompagné du CV et d'une lettre de motivation ; entretiens portant sur les compétences et la motivation.
• Expert en management des biotechnologies (programme MBA). Durée : 2 ans. Coût total : 7 450 €. Admission en 1re année : bac + 3. En 2e année : bac + 4.

■ ISBP
Institut SupBiotech de Paris
94800 Villejuif 01 44 08 00 66
Pr reconnu www.supbiotech.fr
• Bachelor of biotechnology. Durée : 3 ans. Coût total : 20 430 €.
Admission en 1re année : dossier, questionnaire et entretien de synthèse et de motivation, épreuve écrite.
Admission en 2e année : dossier, entretien et questionnaire à choix multiples (biologie, chimie, physique, mathématiques et anglais).
Admission en 3e année : dossier, questionnaire, entretien de synthèse et de motivation, épreuve écrite.
• Expert en ingénierie des biotechnologies. Durée : 2 ans. Coût total : 16 260 €.
Admission en 1re année : dossier, entretien en anglais et épreuve écrite, avec un bac + 3.

■ Isipca (CFA)
78000 Versailles 01 39 23 70 00
Consulaire www.isipca.fr
• Préparateur en parfum, cosmétique et aromatique. Durée : 1 an.
Admission : dossier et entretien, avec bac ou niveau bac. **A**
• Master formulation et évaluation sensorielle des industries des parfums, cosmétique et aromatique alimentaire **A**
• Master matières premières naturelles cosmétiques **A**

■ Isup
Institut de statistique de l'Université Pierre et Marie Curie
75252 Paris 01 44 27 70 49
Public www.isup.upmc.fr
• Diplôme de statisticien de l'Institut de statistique-Paris 6 mention biostatistique. Durée : 3 ans
Admission en 1re année : concours pour classes prépa ou L2 à dominante mathématiques. **A**
Dossier pour les titulaires d'une licence ou d'un M1 validé en maths ou master équivalent. **A**
Admission en 2e année : dossier pour M1 en maths ou diplôme équivalent. **A**

SITES UTILES

Pour compléter votre information sur les activités et les formations dans les différents secteurs abordés dans cette publication.

BIOLOGIE-CHIMIE

www.afi24.org
Organisme gestionnaire de centres de formation d'apprentis, notamment en biologie et biotechnologies : liste des formations, réponses aux questions sur les démarches à effectuer...

www.fneb.fr
Fédération nationale des étudiants en sciences exactes, naturelles et techniques : guide des métiers des filières scientifiques, articles scientifiques...

www.france-biotech.org
Association française des entreprises de biotechnologies et de leurs partenaires : annuaire des entreprises, études sur les biotechnologies (rémunérations, secteurs d'application).

www.lesmetiersdelachimie.com
Site d'information de l'Union des industries chimiques : les secteurs de la chimie, les métiers..., avec une entrée par profil (collégien, lycéen, étudiant, jeune diplômé).

www.lesmetiers.net
Site destiné aux 12-25 ans proposant une information sur les métiers et les formations en Ile-de-France (biologiste, technicien de laboratoire d'analyses médicales, etc.).

www.observatoireindustrieschimiques.com
Observatoire des industries chimiques : référentiels métiers, statistiques et évolution des emplois et activités dans l'industrie chimique...

www.sfbbm.fr
Société française de biochimie et biologie moléculaire : publications, aide aux jeunes chercheurs, offres d'emploi...

www.sfbi.fr
Société française de bioinformatique : présentation, formations universitaires, emplois, colloques et publications.

http://sfbv.snv.jussieu.fr
Société française de biologie végétale : offres d'emploi, présentation de masters « verts ».

www.sdbio.eu
Site du Syndicat des biologistes.

www.123bio.net
Site web des métiers de la biologie et de la recherche : offres d'emploi des laboratoires, articles et cours scientifiques.

www.20ecolesdechimie.com
Fédération Gay-Lussac qui regroupe 20 écoles d'ingénieurs en chimie : les admissions, mode d'emploi et témoignages métiers.

AGROALIMENTAIRE

www.alimetiers.com
Site d'information sur les métiers de l'alimentaire : descriptifs métiers, formations, offres d'emploi, présentation du stage de 3ᵉ...

www.ania.net
Association nationale des industries alimentaires : chiffres clés sur l'agroalimentaire, animations sur l'alimentation.

www.apecita.com
Association pour l'emploi des cadres, ingénieurs et techniciens de l'agriculture et de l'agroalimentaire : espaces candidats et recruteurs, stages, fiches métiers...

http://jobs.inra.fr/Nos-metiers
L'Institut national de recherche agronomique (Inra) présente ses métiers : dossiers, portraits, reportages...

www.observia-metiers.fr
Observatoire prospectif des métiers et des qualifications des industries alimentaires : chiffres clés, secteurs d'activité, fiches métiers par familles, formations...

PARFUMS, ARÔMES, COSMÉTIQUES

www.cosmetic-valley.com
Réseau de la cosmétique-parfumerie : actualités, chiffres clés sur le secteur, offres d'emploi, annuaire de formations...

www.febea.fr
Fédération des entreprises de beauté : chiffres clés sur le secteur, publications, contacts...

SANTÉ

www.antab.com
Association française des techniciens de laboratoire médical : présentation du métier, formations, offres d'emploi...

www.imfis.fr
Hub des métiers et formations des industries de santé : secteurs et métiers, formations, insertion et recherche d'emploi, actualités...

www.leem.org
Les Entreprises du médicament : l'industrie du médicament, les métiers de la pharmacie et des biotechnologies, les formations...

RESSOURCES ONISEP

Les pistes à explorer, proposées par l'Onisep, pour compléter votre information autour des métiers et des formations de la biologie.

DES PUBLICATIONS

- → *Les métiers de l'agroalimentaire, 2014.*
- → *Les métiers de la chimie, 2012.*
- → *Les métiers de l'enseignement, de l'éducation et de la formation, 2013.*
- → *Les métiers de l'environnement et du développement durable, 2015.*
- → *Les métiers du médical, 2014.*
- → *Les métiers du paramédical, 2014.*

Cinq publications dans la collection « Parcours » sur des secteurs où la biologie est mobilisée, avec des métiers tels que le formulateur en chimie, le technicien de rivière en environnement, le contrôleur qualité en agroalimentaire, le médecin légiste en santé...

- → *Classes prépa, 2015.*
- → *Écoles d'ingénieurs, 2015.*
- → *Université : bien choisir sa licence, 2015.*

Trois publications dans la collection « Dossiers » pour approfondir son information sur les prépas, voie d'accès majoritaire aux écoles d'ingénieurs, sur la formation dans ces établissements et sur les cursus en licence.

À consulter au CDI des collèges et des lycées ou au CIO (centre d'information et d'orientation). Également en vente sur **onisep.fr/lalibrairie**.

LE SITE

onisep.fr

Pour aller plus loin sur les filières de formation évoquées dans cette publication, découvrir d'autres métiers et actualiser votre carnet d'adresses des formations.

DES VIDÉOS

onisep tv

Différentes vidéos métiers et formations autour des métiers de la biologie sur **oniseptv.onisep**.

UN SERVICE

mon orientation en ligne.fr

Vous avez encore des interrogations après la lecture de cet ouvrage ? L'Onisep répond personnellement à vos questions. Trois moyens pour nous contacter : par courrier électronique **monorientationenligne.fr** ; par tchat ; par téléphone au 01 77 77 12 25 (appel non surtaxé) ; du lundi au vendredi, de 10 h à 20 h en métropole.

Info+

Rencontrer un conseiller au CIO

Pour réfléchir à votre orientation et recevoir une information personnalisée, n'hésitez pas à prendre rendez-vous avec un conseiller d'orientation-psychologue dans le cadre de la permanence assurée dans les lycées publics ou auprès d'un centre d'information et d'orientation (CIO). Liste des 535 CIO sur **www.onisep.fr**.

LEXIQUE

Au fil de votre lecture, vous avez peut-être rencontré des termes liés à la biologie, aux formations ou à l'emploi que vous ne connaissiez pas. Voici quelques définitions.

Actif : *voire* Principe actif.

Admissions parallèles : procédure de sélection permettant d'entrer dans une école par d'autres voies d'accès que l'admission dite « principale ». On peut, par exemple, rejoindre une école d'ingénieurs avec un DUT ou une licence, sans passer par une classe préparatoire.

ADN : pour acide désoxyribonucléique. Molécule présente dans toutes les cellules vivantes et renfermant, sous forme codée, toutes les informations relatives à ces organismes, en particulier l'information génétique qui caractérise l'individu et est transmise par hérédité.

Agronomie : étude des relations entre les plantes cultivées, le sol, le climat et les techniques de culture.

ATS : adaptation technicien supérieur. Les prépas ATS accueillent des titulaires de BTS et de DUT scientifiques et industriels souhaitant préparer, en 1 an, leur admission en école d'ingénieurs.

Bactériologie : étude des bactéries, ces êtres composés d'une seule cellule et présents dans l'air, le sol, l'eau, la peau... Certaines bactéries sont utiles pour le corps humain (dans l'intestin, par exemple, elles aident à digérer). D'autres sont pathogènes et provoquent des maladies.

Bibliographie : catalogue d'articles, d'ouvrages, d'informations sur un sujet donné ou dans une discipline particulière.

Biochimie : étude de la composition et des réactions chimiques de la matière vivante, notamment des cellules.

Biologie cellulaire : étude des cellules (animales, végétales...), de leur composition, de leurs propriétés et de leurs fonctions.

Biologie moléculaire : étude des molécules, porteuses notamment de l'ADN, de leur structure, de leurs mutations...

Bioprocédés : systèmes utilisés en laboratoire ou dans l'industrie pour transformer ou produire des matières vivantes par fermentation, distillation, purification, extraction de molécules...

Bioréacteur : appareil dans lequel on crée les conditions de température, de pH et d'oxygène nécessaires pour faire pousser des organismes vivants (bactéries, champignons, algues, cellules animales ou végétales...). *Synonyme :* fermenteur.

Biotechnologies : techniques utilisant des organismes vivants (micro-organismes, animaux, végétaux) pour la fabrication industrielle de composés biologiques ou chimiques (médicaments...) ou l'amélioration de la production agricole (organismes génétiquement modifiés, OGM).

Brevet : titre de propriété industrielle donnant à une entreprise le monopole d'exploitation de l'invention faisant l'objet du brevet, pour une durée de 20 ans.

Bureau d'études : cabinet indépendant réalisant des études techniques et scientifiques pour le compte d'entreprises ou d'organismes publics.

Cahier des charges : document décrivant les caractéristiques (délais, coûts, spécificités techniques...) auxquelles un produit ou un projet en cours de conception doit répondre.

CDD : contrat à durée déterminée. Concerne les salariés embauchés pour une période limitée. Peut être renouvelé sous certaines conditions.

CDI : contrat à durée indéterminée. Concerne les salariés embauchés sans limite de temps et sur un emploi stable.

Charlotte : équipement en forme de bonnet, recouvrant les cheveux et porté en laboratoire pour des raisons d'hygiène.

Cosmétique : produit utilisé pour les soins du corps, la toilette, la beauté... N'est pas un médicament.

Culture cellulaire: ensemble de techniques de biologie utilisées pour faire grandir et se multiplier des cellules hors de leur organisme ou de leur milieu d'origine.

Doctorat: diplôme à bac + 8, délivré après soutenance d'une thèse devant un jury. Ce travail de recherche contribue à l'avancement des connaissances sur un sujet. Quand il est réalisé en entreprise, on parle de thèse Cifre (convention industrielle de formation par la recherche).

Ergonome: ce professionnel propose des aménagements des postes pour que les salariés travaillent en production avec le maximum de confort, de sécurité et d'efficacité.

Fermenteur: appareil dans lequel on crée les conditions de température, de pH et d'oxygène nécessaires pour faire pousser des organismes vivants (bactéries, champignons, algues, cellules animales ou végétales...). *Synonyme:* bioréacteur.

Fiole: flacon de verre à col étroit utilisé en laboratoire.

Formulation: rechercher la formule, c'est-à-dire la recette de fabrication d'un produit, par des tests de mélanges.

Formule: recette de fabrication d'un produit cosmétique, d'un médicament... Elle indique les ingrédients, leur quantité et les méthodes de fabrication (température, vitesse d'agitation...).

Génétique: étude des caractères héréditaires des individus et de leurs variations (mutations).

Génome: ensemble des gènes (ADN) d'un organisme.

Géosciences: ensemble des sciences de la Terre (géologie, géophysique, météorologie...).

Hotte: machine permettant aux professionnels travaillant en laboratoire de ne pas respirer les vapeurs toxiques qui peuvent s'échapper des produits manipulés.

Immunologie: étude de la résistance du corps humain face à des agressions extérieures (virus, bactéries...).

***In vitro*:** expérience menée en laboratoire, par laquelle on cherche à reproduire la réaction d'un organisme vivant dans une éprouvette ou un tube.

Incubateur: structure accompagnant les jeunes entreprises en leur proposant des services adaptés (hébergement, conseil, financement, expertise...).

Incuber: en laboratoire, action de placer un mélange en couveuse pour effectuer une culture cellulaire.

Libéral: non salarié, le professionnel qui exerce à titre libéral est soumis à un statut particulier. Lorsque sa profession est réglementée, il doit posséder un titre (c'est le cas du médecin biologiste, par exemple).

Ligne de production: dans une usine, ensemble de machines alignées, transformant les matières premières en un produit (aliment, cosmétique...).

Microbiologie: étude des micro-organismes (bactéries, champignons, algues...) et de leurs applications industrielles.

Micro-organisme: être vivant microscopique (bactéries, levures, algues, virus...).

Paillasse: plan de travail du biologiste dans un laboratoire.

Pharmacologie: science des médicaments, de leurs effets et de leur utilisation.

Physiologie: étude du fonctionnement d'un organe ou d'un organisme vivant.

Pigment: substance ayant un pouvoir colorant et provenant de minéraux, de plantes...

PME: petite et moyenne entreprise. Expression utilisée pour les structures de 20 à 249 salariés, avec un chiffre d'affaires annuel de moins de 50 millions d'euros.

Principe actif: dans un produit, molécule qui a un effet. Dans un médicament, c'est la molécule qui soigne ; dans une crème, celle qui hydrate la peau.

Info

Les données salaires utilisées dans cette publication proviennent de différentes sources. Elles concernent le plus souvent les débutants. Selon les cas, les salaires sont exprimés en brut (avant prélèvement des cotisations sociales) ou en net (somme que le salarié touche effectivement). Pour vous repérer:

- ⊘ Salaire équivalent au Smic (salaire minimum): 1466 € brut mensuel en 2016.
- ⊘⊘ Salaire intermédiaire pour le secteur.
- ⊘⊘⊘ Parmi les hauts salaires du secteur.

Protocole (expérimental): conditions et déroulement d'une expérience ou d'un test.

Réactif: substance chimique utilisée pour la réaction qu'elle produit au contact d'autres substances.

RNCP: Répertoire national des certifications professionnelles. Renseigne sur le niveau de qualification atteint à l'issue d'une formation, ce niveau ne correspondant pas forcément au nombre d'années d'études suivies.

Salle blanche: pièce dans laquelle l'air est filtré, la température, l'humidité et la pression sont contrôlées, pour éviter toute contamination. On y entre en combinaison.

Service civique: offre la possibilité à des jeunes volontaires de 16 à 25 ans de s'engager pendant 6 mois à 1 an dans une mission d'intérêt général dans l'éducation, l'environnement, la santé, la solidarité...

Sous-traitant: entreprise qui effectue un travail commandé par une autre (par exemple, conception, fabrication ou maintenance d'un produit ou d'une installation...).

Start-up: jeune entreprise à fort potentiel de croissance.

Stérile: qui ne contient pas de germes de microbes.

Sur-chaussures: protections que l'on met sur ses chaussures pour ne pas contaminer le laboratoire avec des micro-organismes qui seraient apportés de l'extérieur par les semelles.

Toxicologie: étude des toxiques (pesticide, plomb, mercure) et de leurs risques.

Traçabilité: technique permettant de retrouver l'historique, l'utilisation et la composition d'un produit (industriel ou alimentaire), de sa production jusqu'à sa distribution et sa consommation. Inclut tous les contrôles effectués sur le produit et ses composants.

Transfusion: opération consistant à injecter du sang à un patient.

Tutorat: aide personnalisée et cours de mise à niveau (méthodologie, connaissances...) proposés par des professeurs ou des étudiants plus avancés.

LISTE DES SIGLES

ATS: adaptation technicien supérieur

BCPST: (prépa) biologie, chimie, physique et sciences de la Terre

BTS: brevet de technicien supérieur

BTSA: brevet de technicien supérieur agricole

CAPES: certificat d'aptitude au professorat de l'enseignement du 2d degré

CFA: centre de formation d'apprentis

CPGE: classes préparatoires aux grandes écoles

DETLM: diplôme d'État de technicien de laboratoire médical

DEUST: diplôme d'études universitaires scientifiques et techniques

DUT: diplôme universitaire de technologie

IUT: institut universitaire de technologie

MEEF: (master) métiers de l'enseignement, de l'éducation et de la formation

PACES: première année commune aux études de santé

STAV: (bac) sciences et technologies de l'agronomie et du vivant

STI2D: (bac) sciences et technologies de l'industrie et du développement durable

STL: (bac) sciences et technologies de laboratoire

ST2S: (bac) sciences et technologies de la santé et du social

STS: section de techniciens supérieurs

TB: (prépa) technologie et biologie

INDEX

A

B

C

D

E

F

G

H

I

L

M

P

R

S

T

U

onisep • Office national d'information sur les enseignements et les professions • **Ministère de l'Éducation nationale, de l'Enseignement supérieur et de la Recherche** • Publication de l'Onisep : © Onisep février 2016 • **Directeur de la publication :** George Asseraf • **Directrice adjointe de la publication :** Marie-Claude Gusto • **ÉDITIONS Cross-Média > Cheffe de département :** Stéphanie Desmond-Simon • Rédaction en chef : Claire Lanaspre • Rédaction : Marilyne Gautronneau, Solène L'Hénoret, Luce Margonty • Secrétariat de rédaction : Catherine Marc • Correction : Valérie Doineau • **RESSOURCES DOCUMENTAIRES > Chef de département :** Gilles Foubert • Documentation : Hélène Ferron • Ingénierie documentaire : Françoise Brouxel • **FABRICATION > Cheffe de service :** Marie-Christine Jugeau • Photogravure : Key Graphic (Paris) • Imprimeur : CORLET imprimeur sur papier certifié PEFC • **STUDIO > Chef de service et direction artistique :** Bruno Delobelle • Maquette et mise en pages : Isabelle Sénéchal • Iconographie : Brigitte Gilles de la Londe • Reportage photo : Grégoire Maisonneuve • Couverture : Cyril Lauret • **DIFFUSION ET COMMERCIALISATION >** Onisep VPC - 12, mail Barthélemy-Thimonnier, CS 10450 Lognes, 77437 Marne-la-Vallée Cedex 2 • Internet : onisep.fr/lalibrairie • Relations clients : service_clients@onisep.fr • Diffusion-distribution Belin : 27301277 • Code de diffusion Onisep : 901277 • ISSN : code collection 1765-9329 • ISBN papier : 978-2-273-01277-5 • ISBN numérique : 978-2-273-01287-4 • **PUBLICITÉ >** Mistral Média - 42, avenue Kléber - 75016 Paris • Tél. : 01 40 02 99 00 • Contacts : Directeur général : Luc Lehéricy (luc.lehericy@mistralmedia.fr) • Directeur commercial : Vivian Favro (vivian.favro@mistralmedia.fr) • Plan de classement Onisep : STI 26 05 00 • Le kiosque : Biologie • Dépôt légal : février 2016 •

PEFC 10-31-1510